みんなの
危機管理

スウェーデン 10万年の核のごみ処分計画

須永昌博

KAIZOSHA

みんなの危機管理

スウェーデン10万年の核のごみ処分計画

目次

体験ルポ　原発と核燃料廃棄物処理の実態　145

はじめに

私どもの一般社団法人スウェーデン社会研究所と公益財団法人ハイライフ研究所では、２０１３年から2年間にわたって、「スウェーデン百科事典――スウェーデンから学ぶ日本の再構築」というテーマで、ビデオ*をつくっています。スウェーデンのことをいろいろな側面からご紹介するというのが目的で、そこでは社会、生活、産業、文化、教育、福祉、すべてのテーマをご紹介してきました。

* http://www.hilife.or.jp/sweden2/

今回は、今まで収録してきて、また皆さんにご覧いただいているホームページの内容から、トピックスとして「危機管理」に焦点をあて編集しました。主な内容としては、原発で発生した事故想定訓練（なんと２０１１年2月、東北大震災のひと月前に行われた）から得られた対策、原発と核燃料廃棄物処理の実態からなっています。下記の各論の編成では、「危機管理」に該当する箇所ですが、実際のビデオでは「スウェーデンの危機管理１～４」「原発と核燃料廃棄物処理の実態」と題してまとめられています。

なお、ビデオの各論の全体編成は以下の通りです。

（ ）内の数字は当該テーマと関連するトピックスの動画数を表します。例えば、「人権と平等」では、「差別撤廃の努力」の他に「スウェーデンの労働組合」など8つの動画が同じカテゴリーにグループ化されています。

CONTENTS

●危機管理（6）
1-国防（2）
●司法制度（3）
●国家財政（3）
1-税制（2）
●外交（2）
1-国際支援（1）
●少子化対策（2）
1-子育て支援（2）
●政治のしくみ（8）
1-国会（5）
2-政党（1）
3-若者の政治参加（1）
●教育（6）
1-大学・大学院（1）
2-就学前教育（1）
3-成人教育（1）

2-放射性廃棄物（2）
3-環境法典（3）
4-環境裁判所（2）
●社会保障制度（7）
1-介護制度（1）
2-労働災害保険（1）
3-医療制度（3）
4-年金（1）
5-病気保険（2）
6-社会保険（1）
7-高齢者支援（1）
●移民・難民の受け入れ（2）
●義務教育（1）
●行政のしくみ（5）
1-国民総背番号（2）
2-地方自治（2）
●障害者の就労・雇用（1）

スウェーデン百科事典
http://www.hilife.or.jp/sweden2/

また関連で、前著『「憲法改正」に最低8年かける国――スウェーデン社会入門』を紹介させてもらいますが、ここにまとめられた内容は、上記の各論から以下の10項目に分けられ、ある意味ではスウェーデン全体をとらえるための「キーワード」となっています。

前著を本書と併せて参照していただけば、より一層「みんなの危機管理」を可能にしているスウェーデンの社会的システムが理解できます。

（編集部）

KeyWord

第1講　自然・人権・平等
第2講　選挙・国会・専門委員会・追跡
第3講　マイナンバー・税務署
第4講　地方自治
第5講　社会福祉・自立と人権
第6講　環境法典・裁判所・製造者責任
第7講　エネルギー・原子力・廃棄物
第8講　教育・大学・研究開発・イノベーション・ICT
第9講　産業・近隣諸国
第10講　外交・国連・世界平和

第1章

「安全神話」のない国

日本では福島第一原発の事故のあと、「原発に関する『安全神話』が崩れた」と言われました。

スウェーデンは「安全神話」のない国です。なんであれ、彼らは「絶対に安全」ということを信じません。人間がすることに絶対はなく、人間の行為に過ちは付き物であると考えるからです。

それではスウェーデン人は、自然災害やエネルギー危機、原発事故などに対して、どのような備えをしているのでしょうか。

◒日本「安全神話の国」VS スウェーデン「安全神話のない国」

私どもの一般社団法人スウェーデン社会研究所と公益財団法人ハイライフ研究所とでは、2013年から2年間にわたってスウェーデン社会・政治・スウェーデンに関するもろもろのことを紹介しています。

今日は、その中の一つのテーマで、スウェーデンの危機管理ということでお話ししたいと思います。

危機管理、つい何週間か前ですが、ちょうど福島の事故（2011年3月11日。以下3・11と略記）があってから3年の月日が経ちました。もうすでに3年も経ってしまったか、というような驚きの感想を持っています。

それに合わせて、そういうような原発事故、津波とか地震とか災害から起こる国の大きな危機に対して、それぞれの国がそれぞれのやり方で、ある程度危機管理ということは持っているかとは思いますが、今回はスウェーデンがそのような危機に対してどのように取り組もうとしているのか、そのお話です。

ある意味では、これから述べるスウェーデンのようなやり方がもし日本でできたら、3・11の後のいろいろな後遺症についても、もう少し改善が図られたのではないか、という思いがします。

それはどういうことか、少しお話ししてから、一緒に考えていきたいと思います。

まず、危機管理についてです。一言でいうと、特に3・11の福島の原発事故の折によく言われたことですが、「原発に対する安全神話が崩れた」という言葉が度々語られました。

それでは安全神話とは何なのか。先の言葉をひっくり返していうと、スウェーデンの危機管理には、そもそも安全神話のない国ということが前提となります。スウェーデンの人たちは、「絶対安全」ということは信じません。それがどういうことなのか、一つひとつ、おいおいお話ししたいと思います。

「安全神話」を信じないということは、別の言葉で言うと、人間のやること、人間の行為に過ちは付き物である。付き物だからいつか事故は起こる、いつか災害は起こる、いつか危機的な状況は起こるということをまずそれを前提にしています。

スウェーデン人と長年付き合っていると、彼らのものの考え方を、いろいろな場面でうかがい知ることができますが、彼らは非常に単刀直入と言うか、物事の裏側とか背景とか、あまりそういうことを考えません。人間だったら、必ずこうだと考えます。

どうしてそういう性格になったのかということは、拙著（『「憲法改正」に最低8年かける国』）でもふれましたが、スウェーデン人の一番原点となるのは、自然とのコミュニケーションです。母なる自然とコンタクトすることによって、人間が本来考えるべきもの、客観的な状況、論理的な状況を体得します。原点に自然との対話があって、そういう性格を持った国民に育ってきたな、というのが私のスウェーデン人に対する結論です。

ですから、人間がやることには、どんなに理想的な環境を整えても必ず過ちはあるよと。そもそも過ちがあるものだから、それをどのように防ぐか、というのがスウェーデンの危機管理の考え方の一番の根本になります。

それだから、起こり得る過ちに対して、それが起こってから対処するよりも、起こる前に、できるだけ早い時期に察知してそれに備える、というのがスウェーデンのやり方です。

◒危機管理とは危機を事前に察知して予防すること

先述の拙著でも紹介していますが、スウェーデンの環境保護に対する「環境法典」という法律があります。これはそれまでいろいろ分かれていた環境関連の法律を一本化して「環境法典」という形にまとめたものです。

その「環境法典」を見ると、非常にシンプルだなと感じざるを得ません。どういうことかと言えば、「環境法典」の一番のもとになっている考え方、ものの見方を次のように述べています。

「人間が不動産を利用して行う活動は、すべて環境破壊行為である。」

極端に言うと、人間が動けばもう環境破壊行為である、と言うのです。確かに、論理的に考えると、私たちがここに座っていること自体がもう環境破壊行為になっている。言われてみれば、そうかなと思いますが、私たちの中ではなかなかそれを認めたくない気分があります。事実はその通りでも、認めたくない気持ちがあり、それをどうやってひっくり返すか。この辺にスウェーデン人のものの考え方、ひいては危機意識に対する取り組み方の根源があるように思います。

そしてこの危機意識、また危機管理に対する一番の大もとになっているのは、今述べた危機を事前に察知して予防するということです。これは「環境法典」の中にいろいろな原則としてありますが、その中でいわゆる「予防原則」というのがあります。コトが起こってしまうよりは、またそれに対して対応するよりは、できる限り起こる前に察知して、それに備える。その備えることのほうが、コトが起こってしまってからより、まずお金がかかりません。収拾が割合容易になります。

ですから、よく言われることですが、冷戦時代にスウェーデンは旧ソ連からいつ核ミサイルが飛んでくるかわからないということで、各都市に何百というシェルター（地下防空壕）をつくりました。もう何十年も前のことで、今それを見ようとしても、どこにあるか知っている人が少なくなりましたが、そういうこともありました。

いずれにしても、そのように、「もし核弾頭が飛んできたら」という仮定の一事で、何百という岩盤をくり抜いて、各町に何十というシェルターをつくるというスウェーデン市民の態度。それが国民の合意の下に築かれたという史実を、スウェーデンについて語るとき、頭のどこかに入れておきたいと思います。

◒ スウェーデン市民をあらゆる危機から守る三つの組織

危機管理というのは、結局、その国の国民、市民、スウェーデン人をあらゆる危機からどのようにして守るかという、守り方のことです。当然、そこには組織が必要になります。スウェーデン市民を守る組織としては三つあります**（図1）**。

一つは、「スウェーデン危機管理庁」（Swedish Civil Contingencies Agency）。スウェーデン語では「MSB」と言っていますので、以後スウェーデン危機管理庁と言うときは、MSBという言葉を使うことが多くなります。

二つ目は、「内閣府」（Prime Minister's Office）です。スウェーデンの首相を支えるためのオフィスがあります。その内閣府の中に「統合危機管理室」というのがあり、The Crisis Management Coordination Secretariat——Prime Minister's Office と言います。

三つ目、これは当然ですが、スウェーデンの軍隊、国防省（Ministry of Defense）です。

この三つが、スウェーデン市民を守るための3組織として存在しています。

後述しますが、1番目のスウェーデン危機管理庁（MSB）は、形の上では国防省の所属になっています。

ただ、これもスウェーデンの特徴ですが、省と庁、局。こういう組織のつながりを考えるときに、私たち日本と大きく違うのは、省というのは実際には実務には携わりません。国の大まかな方針、国防省であれば国防や軍隊に対する大まかなガイドラインと言うか、政策を決めるだけで、実際の実務は庁レベルで行ないます。庁レベルで行なうときに、庁は国防省の干渉をそれほど受

まとめ

スウェーデン人は安全神話を信じない
——人間の行為に過ちは付き物である

・危機を事前に察知して予防する。

・スウェーデン市民を守る３組織

① Swedish Civil Contingencies Agency（ＭＳＢ）
(スウェーデン危機管理庁)

② The Crisis Management Coordination Secretariat – Prime Minister's Office
（内閣府統合危機管理室）

③ Ministry of Defense
(国防省)

OKG 原子力発電所
Source : www.OKG.se

図１ スウェーデンの危機管理 ― 安全神話のない国

けません。実務は全部、庁に委ねられています。ですから省は非常に小さいです。国防省の場合でも、スタッフが100人ちょっとでしょうか。ところが、危機管理庁では何百人というスタッフがいます。この辺に特徴があります。

いずれにしても、スウェーデン市民を守る三つの組織がどのように働いているか。危機管理にどのように働いているかということを、これから述べます。

◒差し迫っている一番大きな危機管理は原発事故

危機管理と言えば、私たち日本人は2011年3月11日、実際には12日ですが、福島で原発事故に遭遇してしまいました。スウェーデンでも、原発に対する危機管理が一番大きな差し迫っている目標と言っても差し支えないと思います。そういう原発事故の危機管理との関連で、いろいろとスウェーデンの原子力発電所にまつわる話が中心になってくると思います。

そういうことで、**図1（前ページ）**には下方に原子力発電所を配しています。スウェーデンには、3ヵ所に10基の原子力発電所があります。その中の一つがOKG原子力発電所です。それを外から見た写真ですが、最初に示しておきました。

さてMSB、スウェーデンの危機管理庁は、どんな役割をしているのか、述べてみたいと思います**（図2）**。

まずスウェーデンは、２０００年代に入ってから日本で言うところの行政改革と言うか、行政の簡素化、効率化を目指して、いろいろな形での省庁間の統合が行なわれました。危機管理庁も２００９年に生まれました。それまでは危機管理に当たる組織としては、スウェーデンの救助サービス庁、危機管理庁、心理防衛局。心理防衛局というのはおもしろい名前ですが、こういう三つ

まとめ

1. ２００９年にスウェーデン救助サービス庁（ＳＲＳＡ)、危機管理庁（ＳＥＭＡ)、心理防衛局が統合し、スウェーデン危機管理庁（ＭＳＢ）となった。
2. 中央政府、県、市、民間企業などあらゆるレベルの機関を統括して、国の危機管理にあたる。
3. 国民の保護と安全確保、危機状態での対処、市民防衛に尽くす。
4. 危機を事前に察知するために調査・研究を行なう。
5. 危機の予防・対処・事後処理を一元的に管轄する。
6. スウェーデン国防軍と連携する。
7. 海外の治安維持や紛争地域でも現地で市民の救済や平和維持活動を行なう。
8. 本部は、ストックホルムから150㎞西のカールスタッドにあり、現在の長官は女性である。

避難訓練
Source : www.msb.se

図２　スウェーデン危機管理庁の役割

に分かれていた組織を統合して、スウェーデン危機管理庁としました。

どういうことをやる庁かと言うと、まず中央政府・県・市・民間企業など、あらゆるレベルの機関を統括して、国の危機管理に当たる役割を持たせた庁です。具体的には、国民の法と安全確保、危機状態での対処、市民防衛と言ったことに尽くすことが仕事です。

それから最初に言いましたが、スウェーデンには「環境法典」に「予防原則」というのがあり、危機管理庁が、考えられる限りの起こるべき危機に対して、どのようにしたらそれらを防げるかといったような危機を事前に察知するための調査・研究を行なっています。そして危機の予防・対処に対しても、それが起こったとき、また起こった後、これらを一元的に管轄する庁です。

一元的に管轄するというのが、スウェーデンが試行錯誤の末に至った一つの結論ですが、できるだけ一元的に管轄しないと、実際の事故には、非常に対処する上での問題があるということがわかってきました。

それから日本でもそうですが、スウェーデンの危機管理庁は、国防軍と連携しています。確かに日本でも、東北地方が津波・地震で破壊されたときに、自衛隊が非常によく活躍しましたが、そういう状況はスウェーデンの国防軍も同じです。

もう一つ、これが危機管理庁の特徴と言っていいかもしれませんが、海外の治安維持や紛争地域でも、現地で市民の救済や平和維持活動を行ないます。スウェーデンは国連中心主義と言うか、いつも国際的なグローバルな視野で動いている国です。なぜかと言うのは後段のほうで述べますが、ともかく危機管理庁の仕事は、スウェーデン国内だけではなく、海外にもその活動範囲が及んでいます。

危機管理庁の本部は、スウェーデンの首都のストックホルムにはなくて、これも2000年代の初めですが、いわゆる行政改革の一環として、中央集権から分権化が進む中で、そこから150キロ西方のノルウェーに向かったカールスタッドという人口3万人ぐらいの町に本部を置いています。

それと、この危機管理庁の長官は女性です。これもまたスウェーデンの特徴かもしれませんが、スウェーデンは女性の社会進出が世界でもトップの国です。24人いる大臣の半分は女性です。ちなみに、今のスウェーデンの国防大臣、防衛大臣も女性です。危機管理のトップが女性であるということは、国内外を問わずスウェーデンが活動する上で、いろいろな意味で、いろいろな所に女性の視点を反映しているのではないかと思います。

スウェーデンを襲う18の危機のエレメント

最初に、スウェーデンの危機管理に当たる組織として三つ挙げ、危機管理庁についてざっと述べましたが、次に、政府の危機管理体制、内閣府の統合危機管理室を簡単に紹介しておきましょう。

内閣府に統合危機管理室を置いていますが、統合危機管理室の長官、Director General は、危機管理調整事務局を指揮します。その長官の上司は内閣官房長官です。これは、わかりやすく把握してもらうために、あえて日本の行政組織名風に言っていますが、ほぼ間違いはないと思います（**図3**）。

そして、政府の役割は何かと言うと、危機管理のガイドラインを決めるのみで、実際的な行動、

まとめ

1．内閣府に統合危機管理室を置く。
①統合危機管理室長官は、危機管理調整事務局を指揮する。
②統合危機管理室長官の上司は、内閣官房長官である。
③政府は危機管理のガイドラインを決めるのみで、実務はスウェーデン危機管理庁が統括する。

2．危機管理調整事務局は国内外での情報収集を24時間体制で行なう。
①各省に対して必要な支援を行なう。
②危機の全体像を把握して、危機警報を発令する。
③政府自体の安全確保・業務確保を受け持つ。

MSBの国際活動
Source : www.msb.se

図3　スウェーデン政府の危機管理体制

活動はスウェーデン危機管理庁が統括しています。内閣府に所属する危機管理調整事務局は、国内外での情報収集を24時間体制で行ないます。卑近な例で言うとスパイ活動。スウェーデンはあまりスパイ活動はやりませんが、秘密の情報を集めたり、スウェーデン版ＣＩＡもここに属しています。

各省に対して必要な支援を行ないます。いろんな省がいろんな情報を必要とするので、それに応じて情報収集をしています。これは国内外においても同じです。危機の全体像を把握して、危機警報を発令します。

それから政府自体の安全確保、業務確保を受け持ちます。例えば国がテロに襲われたとき、もし政府自体が襲われた場合どうするか。そういうことも統合危機管理室が担当しています。

そして、危機管理というときに、言葉で言ってしまえば、一言ですが、いろいろな形の危機が想定されます。まずスウェーデンが行なったのは、起こり得る危機。スウェーデンの国にとって、どういう危機的な状況が起こるのか、可能性があるのか。これをまず把握しました。

危機管理庁のいろいろな調査・研究を通じ、**図４（次ページ）**の18の分野が挙げられています。まずスウェーデンの国難と言うか、スウェーデンの国を襲う危機のエレメントが15、16あります。それをざっと見てみると、**原子力と放射性物質**が中心になります。

それから**エネルギーの供給**。ちょうど今（２０１４年）、ロシアのクリミア併合を巡りウクライナとロシア、プーチン大統領、ウクライナ側に立つＥＵと米国、オバマ政権との間で、いろいろな綱引きが行なわれています。紛争の一つの背景になっているのはエネルギーの供給です。ＥＵとしても、かなりの部分をロシアに頼っているところが多いです。

そういうことで、よその国にエネルギー源を頼るということは、もしその国が、ガスなり石油なりの供給をストップしてしまったら、供給を受けている国にとっては大きな危機になります。

まとめ

① 原子力と放射性物質
② エネルギー供給
③ テロリズム
④ サイバー攻撃
⑤ 地震と火山爆発
⑥ 太陽嵐
⑦ 異常気象と熱波
⑧ 森林火災
⑨ 土砂崩れ
⑩ 食料と飲料水
⑪ 伝染病
⑫ 暴風雨と氷雪嵐
⑬ 医薬品供給
⑭ 化学品
⑮ ダム崩壊
⑯ 大規模火災
⑰ 通信、交通手段の破壊
⑱ 石油汚染

スウェーデン危機管理庁
「国の危機管理評価報告書」

図4　起こり得る危機状況の把握

これは北欧諸国にとっても大きな問題です。

と言うのは、日本にいるとなかなかそういう感覚は生まれませんが、北欧諸国、フィンランド、スウェーデン、ノルウェー、デンマークなども含め非常に寒い国です。寒い国でエネルギー、熱とか温水とか電力とか、こういうものがストップしてしまったら、即凍死してしまいます。

そういうことで、エネルギーに対する危機というのは、私たち以上に彼らは身に染みて感じています。エネルギー供給がストップされたらどうなるだろう、どう対処したらいいだろうかというのが、危機管理の二番目になります。

それから**テロリズム**です。確かにスウェーデンというのは、スイスなどと並んで中立を保っている国です。２００年以上、戦争はしていません。戦争には巻き込まれていません。そういう点では、テロリズムの直接の脅威はないかもしれません。ところが、あらゆる可能性を想定するというのがスウェーデンのやり方ですので、テロに対して、もしスウェーデンがテロに襲われたらどうするか、ということも項目に挙げています。

それからテロの一種かもしれませんが、**サイバー攻撃**。私たちの社会は、今コンピュータが働かなくなったら、すべて働かなくなります。私たちの生命は即危機的な状況になります。ですから、サイバー攻撃に対してどうするか。これも危機状況の把握の大きな項目になっています。

それから**地震と火山爆発**。スウェーデンは、私たちのスケールで言うと、地震のない国と言っていいかもしれません。ところが全くないわけではないです。私たち日本人は、マグニチュード

5とか6とか、割合大きな数字を思い浮かべますが、マグニチュード1とか2とかいう地震は、スウェーデンでもあります。1とか2のレベルが、いつ5とか6のレベルになるかもしれない、ということがスウェーデンの危機予知と言うか、予防のセンスの中にあります。

それから**火山爆発**。国の危機というのは、必ずしも自分の国がその状況ではなくても、よその国、例えばアイスランドは火山国です。2010年にアイスランドの火山が爆発して、火山灰が気流に乗って大気圏内を漂い、ヨーロッパの空港が閉鎖されたということがありました。イタリアも火山国です。そういう国の火山灰がスウェーデンまで覆うかもしれません。そういうときにどうしたらいいか、という危機状況の把握をしています。

それから**太陽嵐**。ソーラーストームと言いますが、黒点の活動によって磁気が乱れると、いろいろな通信機器、メーターなどがいろいろな形で影響を受けますが、そういうときにどうしたらいいか。これも取り上げています。

それから**異常気象と熱波**。確かな気候変動の中で、国際的な機関でも、2013年のIPCC（政府間パネル）第5次評価報告書ではっきり、気候変動というのは人為的な温室効果ガスの影響であるという、学問的な結論を出しました。そこから引き起こされる異常気象は、日本だけではなくて、ヨーロッパ、アメリカ、中南米など世界中で起こっています。

そういうことに対して、これから異常気象がどういう形で私たちを襲うのか。例えば熱波（ヒートウェイブ）、高温の空気、風が流れて来ると**森林火災**などが起こります。そういうことも危機的な状況に数えられています。

それから森林火災の関連ですが、十何年前にスウェーデンでも非常に大きな森林木が、台風並みの大嵐で、何十キロメートルにもわたってなぎ倒されたことがあります。スウェーデンが初めて経験した風害ですが、それに関連する大規模な**土砂崩れ**などの二次災害に対してどう対処するか。

それから、私たちは食料と飲み水がなければ生きていけませんが、例えば放射性物質の汚染が広がった場合など、**食料と飲料水**の供給が危機的な状況に陥ったとき、スウェーデン人はどのように対処すべきかということを考えています。

それから**伝染病**です。これはスウェーデンに限らず、世界の人々を陥れる危機的な状況です。特にペスト（黒死病）のような伝染病はスウェーデンでは壊滅してしまったと思われていますが、必ずしもそうではありません。これだけ人の行き来が自由になってくると、そういう恐れもなきにしもあらずだ、という危機感をスウェーデン人は持っています。

それから**暴風雨とスノーストーム**、**氷雪嵐**です。異常気象などにも関連するかもしれませんが、これもスウェーデンをいつ襲うか。確かに最近では猛吹雪に襲われるケースが増えてきています。昨年も増えました。

私もスウェーデンで猛吹雪に遭ったことが一度ありますが、車に乗っていても、何十分間か全く視界がきかなくなって、気がついたら雪の壁の中にいたということがあります。確かに、それがスウェーデン全体の規模で起こったときにどうなるのか。彼らはそういうことにも危機感を持っています。

次に病院、病人、ヘルスケアに対する**医薬品と化学品の供給**です。とりわけ後述する原発事故に伴う危機管理で、この辺に弱点があることをスウェーデンは気がつき、医薬品や化学品の供給体制をどのように確保するか、そういう体制が破壊されたときはどうしたらいいのかという危機管理の状況を把握しています。

それから**ダムの崩壊**。スウェーデンは、エネルギー源としては、大まかに言って約半分は水力発電に頼っています。あとの半分を原子力に頼っています。そういう点では原発大国であると同時に水力発電大国です。ちなみに、隣国のノルウェーはほぼ100%水力発電です。

ダムは100年以上の年齢を経て、老朽化が始まっているので、いつそれが異常気象などの大洪水で崩壊しないとも限りません。崩壊すれば当然、その下流にある町、村は大きな損害を受けます。そのようなダム崩壊の危機も把握しています。

それから**大規模な火災**。森林火災とは別の都市火災のことです。『タワーリング・インフェルノ』ではないですが、ビルの大火災。スウェーデンでも大規模なショッピングモールが非常に増えています。また地下街にもいろいろなショッピングセンターができており、そういう所でもし火災が起きたらどうするのか。これも危機管理の一つの対象になっています。

それから、**通信、交通手段の破壊**。これは先に述べた、例えばサイバー攻撃とか、テロとか、エネルギーの供給がストップしたとか、そういうことでの二次災害的な問題になりますが、通信とか交通がストップして使えなくなってしまいます。これは国としての大きな危機になるので、そういうときの取り組み方も危機管理の対象になっています。

それから**石油汚染**です。スウェーデンは、今は原油に頼ることは少なくなってきていますが、やはり石油タンカーの発着はまだあります。何らかの事故によって石油タンカーが壊れて、そこから原油が流れ出たという危機状況です。スウェーデンは地理的に見ると、バルト海に面し、バルト海はある意味では瀬戸内海のように非常に入り口が狭くて湖のような海です。そこがもしタンカーの原油で汚染されてしまったら、その回復はどのようにしたらいいのか。そういう危機的な状況も想定されています。

◒ひるがえって日本には危機状況の把握リストはあるか

この18項目ですが、これはスウェーデンの危機管理庁がスウェーデンという国を考えたときに、どんな危機があるのか、危機をできるだけ洗い出して、それに対して対処しようという、その危機状況の把握リストです。

これは非常に単純と思われるかもしれませんが、ひるがえって私たち日本ではこういう危機状況の把握をしているでしょうか。何となくわかってはいます。地震は毎日のように起き、3・11

の福島の原発事故もありました。もちろん津波もあります。南海トラフとか、何十年に30％から70％の確率で必ず地震が来ますという把握もしています。しかし、ただそれだけではなくて、あらゆる危機的状況を調べて、それに対して対処する必要があります。

日本はもちろん地震や津波による災害だけではなく火山による災害もあります。台風による災害もあります。土砂災害もあります。そういう点では、日本はある意味、「災害のデパート」みたいな国です。あらゆるサンプルが揃っている。それを全部私たちは統括して、私たちの危機管理ということで、洗いざらい、スウェーデンのような形でピックアップして、その状況の把握、起こるべき可能性、それから、もし起こったときにどうするか、起こった後の対処をどうするかをもう少し真剣に考えていいのではないでしょうか。

つい何日か前の新聞にも報道されていました。アメリカは日本が持っているプルトニウムに対して非常に危機感を持っているということが報道されていました。日本はプルトニウムをたくさん持っていますが、プルトニウムがもしテロの対象になったらどうなるのか。ちょっと日本人は、私も含めてのんきすぎるのではないかと思います。皆さん、いかがですか。

こういう危機状況の把握というのは、スウェーデンはMSB、スウェーデン危機管理庁が中心になってずっと研究して、２００７年に**図４**（☞ **24ページ**）の下方にある国の危機管理評価報告書「A first step towards a national risk assessment」という報告書を出しました。

もちろん、日本でも各省庁は、それぞれがそのような文書を持っていると思います。ただ、国全体でそれを統括した形での、日本がひょっとしたら出遭うかもしれない危機管理の情報を集めて、分析して、できる限りの英知を集めて、「こういう場合には、こういうようにしよう」という取り組み方が、必要ではないかと思います。

そもそも本書のプロジェクトは、ハイライフ研究所と私どもスウェーデン社会研究所が、スウェーデンの紹介に取り組んだのは2年前ですが、そのタイトルが「スウェーデンに学ぶ日本の再構築」という大きなフレーズになっています。

そういう中で、今紹介しているスウェーデンのやり方――あらゆる危機を、国を挙げて調査して分析して、その取り組み方を提示する――に私たち日本ならばどういう形で取り組めるのか。スウェーデンの先進例に学ぶという態度が求められるのではないかなと思います。

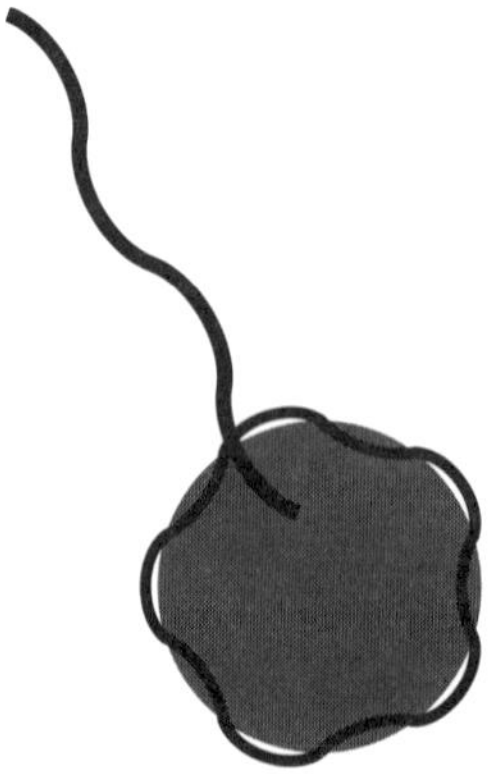

第2章

市民を放射線からどう守るか

前章では、起こり得るさまざまな危機に対してスウェーデンがどのような管理体制をとっているのか、その概要をお知らせしました。

本章ではより具体的に、原発事故というテーマにしぼって、スウェーデンの危機管理のあり方を見ていきたいと思います。

日本では2011年3月11日（3・11と略称）の原発事故によって放射性物質が広範囲に放出されるという事態を経験しました。スウェーデンではこうした危機に対して、どのような備えをしているのでしょうか。スウェーデンで実際に行なわれた訓練を参考にしながら見ていきましょう。

◒原発事故が起こった場合の想定シナリオ

スウェーデンには危機管理庁という独立した庁があり、そこで一元化して、あらゆる危機に対する想定を行ない、対処法を講じている部分もあり、講じようとしている部分もあります。

その中で、私たちの国では、２０１１年3月11日の津波・地震、それに引き続く福島第一原発の水素爆発。それによって引き起こされた放射能汚染。こういう問題が現実に起こりましたが、まだ私たちはその問題の本当の解決には至っていません。

スウェーデンでも、もし原発の事故が起こったらどうするか、どのようにしたらよいか。どんな形での事故が起こるかという調査をして、分析して、そのシナリオをつくっています。またそのシナリオに基づいて避難訓練――国民の行動、国民の避難の仕方とか対処の仕方とか――を、全省庁を挙げて行ないました。

この項では、どういう形でシナリオをつくって、どのような形でそれに取り組んだかということを紹介をしたいと思います。

スウェーデン人のものの考え方の基本には、いわゆる「安全神話」というのはありません。人間のやることには必ず過ちがあるということを前提にしています。ですから、どのように念入りな安全対策を取ったとしても、炉心溶融を含む原発事故を避けることは不可能であると考えます。

まず事故が起こるかもしれない、人間のやることだから絶対ということはあり得ない、という立場に立っています。原発事故が起これば、放射能により多数の死傷者が生まれ、時間の経過とともにがんが発生して、また環境にも重大な破壊をもたらします（**図5**）。

まだ記憶に新しいと思いますが、1979年にはアメリカのスリーマイル島で原発の事故がありました。それからほぼ10年後ですが、1986年、ウクライナ（旧ソ連。今クリミア半島の併合をめぐってロシアとの間で問題になっている）において、チェルノブイリの原発事故がありました。メルトダウンが起こり、原子炉の爆発により世界中に放射能汚染が広がりました。そのときの放射能のフォールアウト（放射性物質の降下物）で、スウェーデンでも、特に北部のほうが汚染されて、非常に大きな問題になりました。

続いて、私たち日本で、2011年3月11日、東電福島第一原発で冷却システムの破損により水素爆発が起こり、放射能汚染を起こしました。このときにはメルトダウンは起きなかったと言われていますが（編集部註：2016年6月に至って初めて東電が「メルトダウン」隠蔽の事実を認めた。）、いずれにしても甚大な放射能汚染が起きて、いまだにその後遺症はあちらこちらに残っています。

このように、原発事故は過去に何回か起こっています。もちろん、こういう大きなスケールではなくて、スウェーデンでも原発の事故は何度か起こっています。

そういうことを考えると、原発の事故は、たまたま今までスリーマイル島とチェリノブイリと福島と、大規模なレベル、INES（国際原子力評価尺度）のスケールで言えば、7～5のレベルではこの3回くらいしか起こっていませんが、それ以下のレベルではもっともっとたくさん起こっているということです。レベルの低い、危険度の低いような事故が多発しているということは、いつ大規模な事故が起こっても不思議ではないということを示唆しているのではないでしょうか。

まとめ

どのように念入りな安全対策をとったとしても炉心溶融を含む原発事故を避けることは不可能である。

事故が起これば、放射能により多数の死傷者が生まれ、時間の経過とともにがんが発生し、また、環境にも重大な破壊をもたらす。

1979 年の米国スリーマイル島の事故、1986 年のウクライナにおけるチェリノブイリの事故ではメルトダウンが起こり、爆発による放射能汚染が広がった。2011 年には福島原発で冷却システムの破損により水素爆発が起こり、放射能汚染を引き起こした。

スウェーデン政府は、2007 年に原発事故とそれに伴う放射能汚染に関して、国としての事故対処能力の総合的評価を行ない、それに基づき 2011 年(福島事故の前)には原発事故演習を実施した。その演習から得られた教訓をその後の危機政策の基盤にしている。

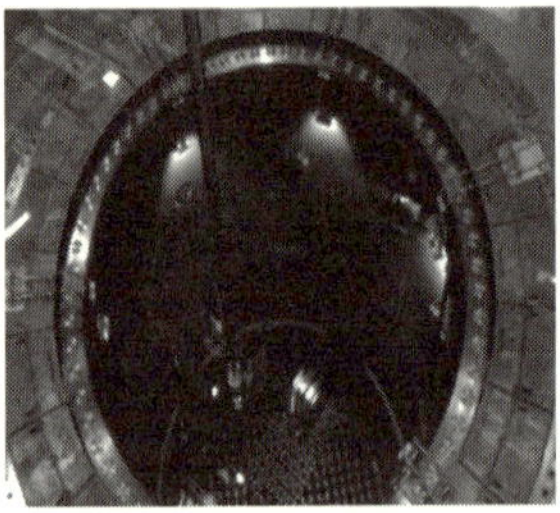

OKG 原子力発電所内部
Source : www.okg.se

図5　想定シナリオ～原発事故 1

そういうことで、スウェーデン政府は２００７年に、福島の事故の４年ほど前に、原発事故とそれに伴う放射能汚染に関して、国としての事故対処能力の総合評価を行ないました。

◒事故対処能力の総合評価レポート

スウェーデンには原子力発電所が３ヵ所にあります。原子炉の数で言うと10基あります。10基の原子炉を持っていますので、それが事故を起こしたときに、スウェーデンとしては、政府、行政機関、その他の諸機関が、実際に対処ができるのかどうかを調べるための総合評価の活動を行ないました。

この２００７年の事故対処能力の総合評価は、あくまでもいろいろなレポートとか聞き取り調査とか、文献調査とか、企業の評価なので、それが実際に起こった場合にはどうなるかということで、４年後の２０１１年に、総合評価に基づいた実際の訓練を行ないました。約70機関、民間などを巻き込み、２０１１年に国を挙げてスウェーデンは実際の想定訓練を行ないました。

面白いと言うと語弊があるかもしれませんが、３・11の福島の事故が起こる直前です。偶然と言えば偶然かもしれませんが、スウェーデンでちょうどひと月前に原発事故の想定訓練をして、ひと月後に福島の事故が起こりました。そして、２００７年の事故対処能力の総合評価の想定シナリオと２０１１年の実際の総合訓練とを比べてみて、シナリオ通りにいったか、何も問題はなかったのか。結論から言うと、いろんな問題が浮かび上がりました。

図3（☞ 22ページ参照）がスウェーデンの危機管理体制です。その後の危機管理政策の基盤にしています。具体的にその辺を述べてみましょう。

まず、スウェーデンの10基ある原子炉の中の一つがもし事故を起こした場合、どうなるのか。

1- スウェーデン政府の事故対処能力の概要

2007年の原発事故のシナリオとして、スウェーデンで極めて重大な原子炉事故が発生して、広範な地域に放射能汚染が生じました。

そのため住民は避難しなければならず、かつ汚染地域の除染が必要となりました。また、畜産農家とその製品出荷への制限が行なわれました。

これは私どもも、3・11の福島の事故での飯舘村とか、お米の出荷制限とか、いろいろな問題を経験しましたが、それと同じです。

もう一つ、住民の精神的・心理的ストレスが深刻になりました。

そして、この想定シナリオに基づいた総合的な評価。スウェーデンはどのような対処能力があるのかという評価です。

まず、スウェーデン政府の事故対処能力については、スウェーデンの危機管理庁の大事故対処能力はおおむね優秀で、大体対処できた。でも、いくつかの問題は発見され、課題を残しました。

2-原子炉は自前の技術か、借り物の技術か

まず、原子炉の技術的な問題個所については、即発見できました。これはスウェーデンの原子炉の特徴ですが、他の国の技術ではなくて、自分の国の技術です。いわゆる国産技術です。スウェーデンの王立工科大学の学者と、スウェーデンの原発をつくる重化学工業、元のアセア・アトム社が協働で設計し、建てた原子炉なので、設計図も残っていますし、技術者も残っています。だから、技術的な問題に対しては、自分たちで即対応できます。

この辺のことは、私たち日本人がもう一度考えなければいけないのではないかと思います。

確かに、今でこそ日本の原子炉は止まっていますが（編集部註：2012年7月大飯原発再稼働後は、2013年9月15日現在、同原発定期検査に入り停止中）、再稼働がこれから起こるかどうかは別にして、もともとはアメリカのウエスティングハウス社とゼネラル・エレクトリック社の技術によるものです。私たち日本人がそれを設計したのではありません。今はライセンスを取って、建てたのは日立であり、東芝であり、IHIであり、日本の重化学工業ですが、もともとの原子力発電所を設計をしたのはアメリカ人です。

繰り返しますが、この辺に私たちはもう少し関心を払っていいのではないかと思います。なぜなら設計した当事者でないと、技術的な問題の発見がどうしても遅れるのではないかと、私は福島の教訓から思っています。

いずれにしても、スウェーデンの原子炉の技術的な問題個所が即発見できたというのは、自分

たちでつくった自前の原子炉だからこそできたということが、その背景にあると思います。

3-情報公開をどうするか、情報の共有をどうするか

ただ問題は、技術的な問題は発見できたものの、その後同質の情報、同じような問題をとらえ

まとめ

・原発事故のシナリオ

2007 年、スウェーデンで極めて重大な原子炉事故が発生して、広範な放射能汚染が生じた。

その為、住民は避難し、かつ汚染地域の除染が必要となった。また、畜産農家とその製品出荷への制限が行なわれた。住民の精神的・心理的ストレスが深刻になった。

・総合的評価

① スウェーデン政府の事故対処能力

スウェーデン危機管理庁の大事故対処能力はおおむね優秀であったが、いくつか問題を残した。

＋原子炉の技術的な問題箇所は即発見できたが、その直後、同質の情報を認識し、共有することに関係者によって差異があった。

＋省庁間の連絡網はあるが、危機管理支援体制に関しては省庁毎で異なる部分があり、機能しない問題が見つかった。

（続く）

危険物の輸送

Source : www.msb.se

図６　想定シナリオ～原発事故 2

てそれを分析して、その情報を認識して共有することに、関係者によって差違があったという点です。人によって、そのとらえ方は違います。原子炉のそばにいる人、事務室にいる人、また中央にいる人、言い換えると現場の人とそうではない行政の人、産業関係者の人の情報の認識の度合いが、それぞれの立場によって違う。これが大きな問題で、結局情報の問題です。

これは後ほど述べる危機管理にすべて通じることですが、情報管理、情報公開の問題に尽きます。スウェーデンが総合シナリオ、想定シナリオ、または実習訓練で一番強調しているのは、情報をどうするか、情報公開をどうするか、情報の共有をどうするか。この辺に尽きるのではないかと思います。まずこの辺が、総合評価への問題として浮かび上がりました。

それから平時の、危機的な状況でないときには、省庁間をつなぐ連絡網は日本でもあります。連絡網はありますが、危機管理支援体制に関しては省庁間でつながらない部分がある。機能しない問題が見つかる。普段なら何ということもない問題が、緊急の事態で1分1秒を争うようなとき、具体的な問題でどうするのか。県との連絡をどうするのか、市との問題をどうするのか、原発事故を起こした地域と住民とのコミュニケーションをどうするのか。こういう具体的な問題になったとき、スウェーデンの省庁間の連絡網は不十分だったということが評価として浮かび上がりました（**図6**）。

4 政府の対処能力がスムーズにいかなかった項目

a. ヘルスケア

続いて、総合的評価の中で、政府の対処能力がスムーズにいったかと言うと、そうではなかった。特にヘルスケアについて、病院での入院患者、または家庭にいる寝たきりの人については、重症患者や軽症患者を含めて、スウェーデンの対処能力は不十分だった、ということがわかりました（図7）。

ということは、事前に国のレベルでは危機対応策ができていても、現場においては、重症患者とか軽症患者とか病人とかを対象にした事前の対応策ができていない。病院に入院している患者のベッドをどういうふうに移すのか、どの車に乗せて運んだらいいのか、というような対応です。

b. 放射性物質への対処能力不足

それから、放射性物質への対処能力の不足が挙げられます。放射性物質で怖いのは、もちろん汚染水の問題がありますが、一番は空中に飛び散った放射性物質が地上に落ちて、地表なり屋根なり道路なりを汚染します。そういうときに、当然私たちはそこを歩いたり触れたり、空気を吸い込んだり、接触するという問題が起こります。これがどの程度でどうだったらどうなのかという解明が不十分であるというのが、対処能力の問題として浮かび上がってきました。

それから、汚染された空気、汚染された水、汚染されたいろいろなものに対して、私たちの人体を防護する防護服の配備の問題です。それから実際に自分たちが立っている所、今歩いている所、今行動している所の放射能汚染がどの程度なのか。毎時何マイクロシーベルトなのか、毎年何ミリシーベルトなのか。また発生源が何ベクレルなのかを調べる放射能測定装置が十分でなかった、ということがわかってきました。

まとめ

・総合的評価

② 対処能力

重症患者、軽症患者を含めて、スウェーデンの対処能力は不十分である。

＋事前に危機対応策ができていない。

＋放射性物質への接触程度が不明だ。

＋防護服や放射能測定装置が不十分である。

＋病院や専門医へのアクセスが容易でない。

＋子ども、高齢者ケアと在宅ケアサービスが後回しにされる。

＋救助サービスは良好だが、県レベルでの除染作業と作業用具の不足に問題が残る。

＋県と市のスタッフに危機管理教育が必要である。

（続く）

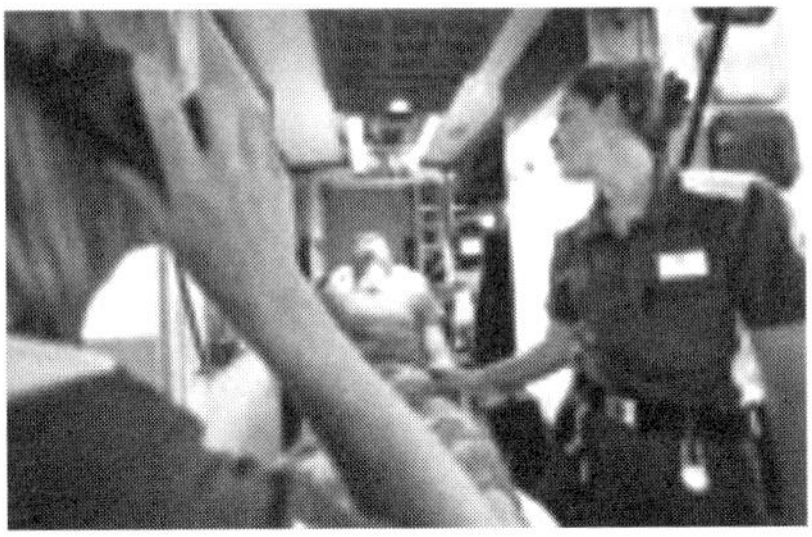

危機管理スタッフが不足
Source:www.msb.se

図7　想定シナリオ～原発事故 3

それから、病院や専門医へのアクセスが容易ではない点が挙げられています。福島の場合も経験しましたが、汚染地域の病院から汚染のない病院へどうやって搬送したらいいか。病院自体が汚染地域の中にあり、専門医も汚染地域の中にいる。ほかの専門医の所にどうやって行ったらいいのか、誰が運ぶのか、どのように運ぶのか。そういうアクセスの問題が容易でない、ということがわかってきました。

それから、特にこういう危機になると、一番被害を受けるのは子どもや動けない人、高齢者などの弱者です。スウェーデンは介護の問題として、ずっと在宅ケアを進めています。病院でのケアより在宅でのケアに重点を移しつつあります。在宅で、例えば認知症の人とか、障がいのある人とか、脳梗塞で倒れた人のケアとか、いろいろな形で家庭の中で病人を抱えている世帯が多くなっています。

それからスウェーデンの特徴ですが、在宅でやるのと、いろいろな施設——その施設も集合住宅、アパート、マンションなどでのケアを受けている人たちをどうするのか。こういうケースは、どうしても後回しになってしまう、という問題が浮かび上がりました。

c. 救助サービスにかかわる問題点

それからまた救助サービス。サービス自体は良好ですが、県レベルでの除染作業と、作業用具、いろいろな機器の不足による対処能力の不足が挙げられています。

例えば、マンションに住んでいる高齢者の人たちを助けようというサービスについて、そこに行き着き、その人たちを運び出せれば、そういうときのサービスは良好だが、今度は運び出したとき、行った病院の外が、道路が、建物が、空気が汚染されていたら、除染作業をしなければ、サービスがうまくいったとしても、むしろ動けなくなってしまう。そこで、即除染することになっても、それを担当する者も、責任を持っている県や市レベルでの作業用具がない。極端に言うと、シャベルがない、ほうきがない、洗い流すホースがない、水源がないという問題があることがわかりました。

そして、実際に原発があるのは市町村です。県とか市にあるので、直接それを管理、監督するのは市とか県になります。そうすると、原子炉を抱える県庁とか市町村のスタッフがどうしても危機管理に当たらなければなりません。人間の持つ弱さかもしれませんが、初めてそういう事故が起こるとどう対処していいか、遭ってみなければわからない。事故に遭ったときの人間の行動は、事前の教育・訓練を通じて教育しておかないと、実際にそれが起こったときになかなかうまく機能しないということがわかりました。それゆえスウェーデンでも、今後は県庁とか市町村のスタッフの危機管理教育が必要であるということを結論づけています。

図7（前々ページ）の写真などもそうです。危機管理スタッフが圧倒的に不足している。もちろん、福島でも経験しました。消防士の方が自分の生命を投げうって救助に当たって、何十人と亡くなった旧ソ連のチェリノブイリ原子力発電所のような所もありました。

それと同じように、管理スタッフが生命を投げうって働くことも、もちろん貴いですけれども、本来なら生命を投げうたなくても、十分なスタッフがいれば死ななくても済んだかもしれません。そんなことも、スウェーデンの総合評価は教訓として私たちにも教えてくれています。

5 - 放射能汚染に対する社会的機能の対処能力不足

今述べているのは、あくまでも机上でつくったスウェーデンが原発事故に遭ったときのシナリオです。これは机の上で考えたシナリオです。

a. 社会的インフラ

続きですが、社会的機能の対処能力として、社会的なインフラが放射能汚染に対しては備えができていないことが判明しました。この場合の社会的なインフラは、基盤になる道路、水道、電気、輸送、鉄道、交通網、建物なども入ります。

しかし、すぐ避難しなければいけないのに緊急避難施設および初期医療センターなどが、放射能汚染に対して防護がされていないのです。もちろん初めての経験ですので、緊急避難施設は日本でも同じですが、市民センターであり、学校であり、体育館であり、そういう施設を避難所として指定して、そこに避難住民が避難するわけですが、避難先自身が放射能のフォールアウト（放射性降下物）に対してまったく防御ができていないのです。極端に言うと、屋根にスプリンクラーがもしあれば、屋根の除染くらいには一時的に対処できるかもしれません。そういうことが全然されていない。

b. 医療システム

それからスウェーデンの医療システムは、県の仕事と市の仕事がはっきり分かれています。市の仕事は、風邪を引いたとか、ちょっと熱があるとかに対応する、いわゆるプライマリーケアです。そういうケアは保健センター、初期医療センターが受け持ちます。そこで手に負えなくなったときは、県が管轄する病院に送り込むというのがスウェーデンの医療制度ですが、最初に駆け込む初期医療センターが放射能汚染に対してはまったく無防備であることがわかりました。

それはそうですね。いくら予防原則に基づくスウェーデンでも、なかなかそこまでは手が回っていなかったということに、初めてスウェーデンとしては気がついたわけです。

それから、救急患者を運ぶ救急車にも放射能測定装置がない。毎時何マイクロシーベルトなのか、毎年何ミリシーベルトなのか。ガイガーカウンターも備わっていなければ、放射能対処方法もない。測定値がこれくらいだったら、こうしなければいけないというマニュアルもない。

c. その他

警察官も、事態の深刻さは理解していない。確かに放射能汚染に対しては、警察官にも対処のノーハウが今までなかったから、改めてこの辺が欠けていたということが、総合的な評価の中でわかってきました。

6- 被災者への対処能力

それから一般の被災者。そこから避難しなければいけない人たちや、物資の輸送路の確保に問題があり、このことは私たちも福島で経験しました。

私も3・11の福島の事故の後、スウェーデンのテレビチームとすぐに現地入りして、いろいろ

まとめ

・総合的評価

③ 社会的機能の対処能力

社会インフラが放射能汚染に対しては備えができていないことが判明した。

＋緊急避難施設及び初期医療センターは、放射能汚染に対して防護がされていない。

＋救急車には放射能測定装置がなく、放射能対処方法もない。警察官は事態の深刻さを理解していない。

＋被災者や物資の輸送路の確保に問題ある。

＋船舶の利用をもっと考慮すべきである。

市民を放射能汚染からどう守るか
Source : www.msb.se

図８ 想定シナリオ〜原発事故 4

な場所を取材してきましたが、私自身の経験でも、まさに何もないです。かろうじて空いているコンビニエンスストアで、残っているおにぎりをスウェーデンのスタッフと分かち合いながら3日間過ごしたことがあります。そういう体験を含めても、スウェーデンでも、もしそういうことが事前に確保されていなければ、同じようなことが起こると思います。

それから、これも総合的な評価の一つですが、船舶の利用をもっと考慮すべきであるという指摘があります。船というのは海の上を自由に動きますので、日本でも非常に大きなヒントになるのではないでしょうか。各地からの援助物資を、陸路が駄目だったら船で運ぶ、空路で運ぶ。この船舶の利用というのも、スウェーデンは総合的な評価で気がつきました（**図8**）。

◓ 2011年の演習の概要

机の上でいろいろなデータ、今までのデータを集めて、有識者、専門家を集めてシナリオをつくりました。これが2007年のことです。そこで浮かび上がった問題に実際にどう対処すべきなのかということを、次の段階としてスウェーデンは、2008年、2011年、これは福島の前です。シナリオづくりを含めたこの3回、国家レベルと諸機関連携レベル、国の政府、行政、いろいろな省、庁、局、部門、県、市、民間企業、70団体くらい集めて合同で、事故の想定訓練、演習、エクササイズをしました。

その時の、２０１１年の一番最近の演習の概要をこれから紹介しましょう。原発事故訓練の想定訓練。繰り返しますが、この想定訓練をやったのは、２０１１年3月11日の福島の事故が起こるひと月以上前です。

２０１１年の演習の概要は、エクササイズ、訓練の目的としては、テロでもなければ、技術的な問題で発生した原発事故。原子炉内部で起こった原発事故に対して、スウェーデン国家が対応できるかどうかの能力のテストです。能力がなければ当然、それに対して備えなければいけません。能力をテストするということが目的です。

演習の範囲ですが、福島の事故を思い起こすまでもなく、これはあらゆる部門にかかわる事故です。交通事故だったら車、飛行機事故だったら飛行機だけの問題でほぼ済みますが、原発の場合はあらゆる生活圏にまで問題を及ぼすということで、複合した問題です。

それからこれは、それが起こってしまって、それに対処すればもう終わりという問題ではないです。そういう点では、私たちの福島は、われわれにもいろいろと教訓を与えてくれますし、いまだにまだ問題があります。これがいつまで続くかわからない。長期にわたる問題です。

それと、これは民間企業を含む社会のあらゆる階層に生じる問題です。これは、そこの住民だけ、原発を運営する会社だけの問題ではありません。輸送が止まれば企業活動はストップしてしまいます。これは言うまでもなく、いろいろな企業とすべての階層に生じる問題を含んでいます。ですから、総合演習の範囲としては社会全体を含みます（**図９**）。

まとめ

2007 年の原発事故対策の総合評価に基づき、
スウェーデンは 2007 年、2008 年、2011 年の３回、国家レベルと諸機関連携レベルが合同で、事故想定訓練・演習を実施した。

2011 年演習の概要

1. **目的**：技術的な問題で発生した原発事故に対して、スウェーデン国家が対応できるかどうかの能力をテストする。
2. **範囲**：複合した問題、長期にわたる問題、民間企業を含む社会のあらゆる階層に生ずる問題。
3. **対象**：原発事故の影響を個人レベル、組織レベル、技術的レベル、経済的レベルから短期的、中期的、長期的な観点から検証する。
4. **期間**：
 ＋第１ステージ：2011 年２月２日、３日の２日間、
 ＋第２ステージ：2011 年２月 11 日から３月 23 日の７週間

OKG 原子力発電所
Source : WWW.OKG.com

図９　原発事故の想定訓練―１

そして総合演習の対象です。対象とは、原発事故の影響を受ける対象のことで、大きくは個人のレベル、私たち生活人のレベル、組織のレベルです。組織のレベルというのは、県とか市とか、特に行政組織と思ってください。それから技術的なレベルでどういう問題があるかをテストします。それと経済的なレベル。原発事故が起こったら、スウェーデン経済に対してどのような問題

が実際に起こるのか。これらを短期的、中期的、長期的な観点から検証します。これが演習の概要です。

そして、この総合演習は二つのステージに分けて行ないました。第1ステージは、２０１１年2月2日、３日、いわゆる事故直後の2日間を短期的に第1ステージ。第2ステージは、１週間後の2月11日から3月23日の中期的な7週間。この後を長期的に第3ステージとしています。ともかく第1ステージが事故直後、第２ステージがそれから1週間後に総合演習でどういう問題が起こったかを調べました。

◒第1ステージ（2011年2月2〜3日）で起こった問題点

想定訓練、国民的な総合演習の2月2日、３日の2日間のステージで起こったことです。

まず、引き金になった事態があります。2月2日と3日が、この想定訓練の避難する日に当たりますが、それより以前に事故を起こす要因がありました。その前年の２０１０年の秋に、電力供給不足が起こったという想定です。

スウェーデンでは最近でもたびたび見舞われていますが、豪雪、それもかつて経験したことがないような豪雪と異常な寒気に襲われました。これは気候変動などにも関連していますが、スウェーデンはここ2、3年、経験しているので、これが電力供給不足の想定上の引き金になりました。

電力が不足したおかげで、電力の価格がものすごく高くなりました。製品コストが高くなったおかげで、産業界が製品をつくっても売れないということで、産業活動がストップした、という想定です。ちょっとこの辺は、日本の社会とはピタリと来ないところがあるかもしれませんが、ただ、今スウェーデンで一番可能性のある引き金になる要因として、こういうことを想定しています。

それでは、電力の値段が上がって、産業活動がストップした結果何が起こったか、それが2月1日の原発事故です。2月1日の夜間、オスカーシャム原発で異常事態が起こりました。それをセンサーが感知し、ブザーが鳴りました。

図10（次ページ）は、スウェーデンの原発のある位置を示しています。人口1００万ぐらいのスウェーデンの中心地、首都ストックホルムには原発はありません。その北40キロメートルぐらいの所にフォースマルクという原発があります。もう一つ、ストックホルムから南へ２００キロメートルぐらいの所のオスカーシャムにも原発があります。スウェーデンは、原発がフォースマルクとオスカーシャムと、この図には出ていませんが、リングハルスに原発があります。その３ヵ所のうちで南のオスカーシャムの原子炉で異常事態が発生したというのが、この想定訓練のもとです。

そして、その異常事態を感知した2月1日の夜、そして次の2日の朝、オスカーシャム原発の

まとめ

第１ステージ：2011 年２月２日と３日の２日間

① **引き金**：前年 2010 年の秋に起きた電力供給不足

＋豪雪と異常な寒気

＋電力価格の高騰と産業活動の一部停止

② **その結果**：

＋２月１日、夜間オスカーシャム原発で異常事態感知

＋２月２日、早朝オスカーシャム原発の二つの原子炉で冷却装置が故障と判明

＋ＯＫＧ原発会社は「警戒警報」を発令

＋正午前、使用済み核燃料貯蔵所で火災が発生

＋ＯＫＧ職員、ＳＫＢ職員に避難命令

＋午後、原発のあらゆる電力系統で電圧の低下

＋原子炉の冷却システムが機能不全

＋ＯＫＧは原子炉損傷を公表

＋フィルターシステムも働かず、放射性物質の拡散

＋拡散は２日の夜間２時間継続

＋ＯＫＧはＩＮＥＳスケールで「レベル５」と発表

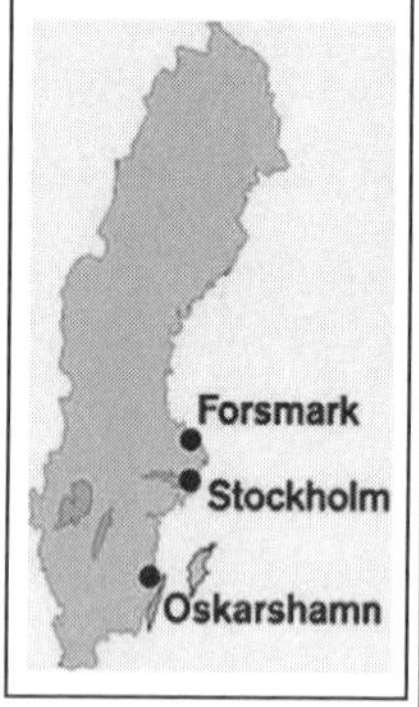

（続く）

図 10　原発事故の想定訓練—２

二つの原子炉で冷却装置が故障してしまった、ということがわかりました。

先述しましたが、スウェーデンは自前で原子炉などの設計をしていますので、事故の探知に対しては割合、早く対応ができ、冷却装置が故障と判明しました。

そして、オスカーシャムの原発を運営しているＯＫＧという原発の民間の会社です。スウェー

デンは、フォースマルクとリングハルスにある七つの原子炉は、バッテンフォールという国営の会社によって運営されています。

このオスカーシャムのＯＫＧという民間の原発会社が、２月２日の朝、冷却装置故障とわかったために、すぐに警戒警報を発令しました。

続いて2月2日のランチタイムの前に使用済み核燃料貯蔵所で火災が発生しました。

私たちも福島の原発事故で、随分原発のことは学びましたが、使用済み核燃料貯蔵所は、日本の原発と同じように、同じ建屋の原子炉でウラニウムを燃やし電力を起こした後、水のプールの中に貯めておきます。これが使用済み核燃料貯蔵所です。そこで火災が発生した、という想定です。

結局、電力が不足して、冷却装置が故障して温度が上がって、それで火事になったということで、ここで働いているＯＫＧの職員とかＳＫＢ――後述しますが、スウェーデンの3ヵ所の原発から出る使用済み核燃料を一括して扱う機関で、このオスカーシャムにもそういう職員が滞在している――の職員に対して、まず避難命令を出した。

そしてその結果、この2月2日の午後、原発のあらゆる電力系統で電圧が低下し、原子炉の冷却システムが完全に機能不全になりました。機能不全になって、オスカーシャムの原発の会社ＯＫＧは、原子炉が破壊、損傷したと公表しました。

原子炉の格納容器には、一番中心に原子炉があって、それを取り囲む壁が何重かあります。その中の一部が壊れたということで、原子炉自体がメルトダウンしたということは、今回の訓練では想定していません。あくまでもそれを取り巻く格納容器が壊れたということに基づいています。

その結果、フィルターシステムが電力の低下によって働かず、――日本でもようやく原発に備えようとしていますが、スウェーデンの原発はすべて、福島の事故の前からベンチレーション、換気装置を備えています――ベントした結果、放射性物質の拡散が起こりました。

そして、この放射性物質の大気への拡散は、事故が起こった2日の夜間に2時間続きました。2時間というのは、先述した自前の原発にも関連しますが、原因がすぐわかったので、2時間でストップすることができたわけです。ところが、この2時間の間に拡散してしまった放射性物質が後々問題を起こします。

こういう状況ですので、OKGはどれくらいの事故なのかという想定をしました。INESという国際的な基準（国際原子力評価基準）があります。例えばチェルノブイリ、福島級の事故はレベル7になっています。それから比べると二つランクが下がる、レベル5の状況を想定した訓練です。

◒最初の2日間の想定訓練の中で起こった市民の不安

最初の2日間の想定訓練の中でどういうことが起こったか述べてみます。まず最初の2日間における市民の不安ですが、原発の会社OKG、スウェーデンの国の危機管理を統括して扱うスウェーデン危機管理庁ＭＳＢ、スウェーデン政府、行政に対して、この事態に実際に対処できるのかどうかという不安がまず、市民の間で広がりました。

というのは、危機管理、原発事故に対して、いろいろな関係者の間で事態の把握の仕方が異なっている。異なっているから、当然市民は問い合わせをします。問い合わせしたときに、出される情報がまちまちで、どれが本当かわからない。このようなことは３・11でわれわれも経験しました。

それからスウェーデンでは、こういう事故のときに毎時何マイクロシーベルトになればヨウ素の錠剤、ピルをいくつ飲むということが教えられています。ただ、今回の場合いくつ飲んだらいいのかわからない。ヨウ素のピルは、放射性物質の大気汚染によりセシウムなり放射性物質が甲状腺にたまるのを防ぐためのヨウ素剤ですが、実際にオスカーシャムのＯＫＧの原発から放射性物質がどんどん外に出されている、散らばっているというときに、自分はいくつ飲んだらいいのかわからない。

そういう具体的な問題がわからない。この期に及んで、担当者によってみんな違うことを言う。これは確かに身につまされます。市当局の状況説明が不十分で、住民からの質問に対する答えがバラバラである。こういうことに対する市民の不安はいっそう募るばかりですが、これはいわゆる情報管理の問題です。まずこの問題が大きく浮かび上がりました。

そういう市民の不安とはまた別に、２月２日に起こった事故から４週間の間の状況はどうだったのか。最初の２日間でＯＫＧの原子炉の損傷は終わりました。この辺の対処は早くできるということはわかっていたのですが、ただ原子炉はシャットダウンしたままです。運転はしていませんが、ベントの結果、放射能汚染は拡大し続けています。どんどん拡散していきます。

汚染程度の分析が続けられました。汚染程度により地域を区分けして、高濃度汚染地域から1週間後に除染作業を始めました。**図11**の地図にもありますが、オスカーシャムの原発は東側のバ

まとめ

③　**最初の２日間における市民の不安：**

＋原発会社、ＭＳＢ、政府、行政に対して、事態に対処できるのかどうかの、不安感が拡がる。

＋その理由は、この危機管理に関係者の間で事態の把握の仕方が異なることである。

＋その結果、出される情報がマチマチでどれが本当かわからない。

＋ヨウ素剤をいくつ飲めばいいのかわからない。

＋戸外に退避するべきか、室内に止まるべきかの情報がない。

＋市当局の状況説明が不十分で、住民からの質問に対する答えがバラバラである。

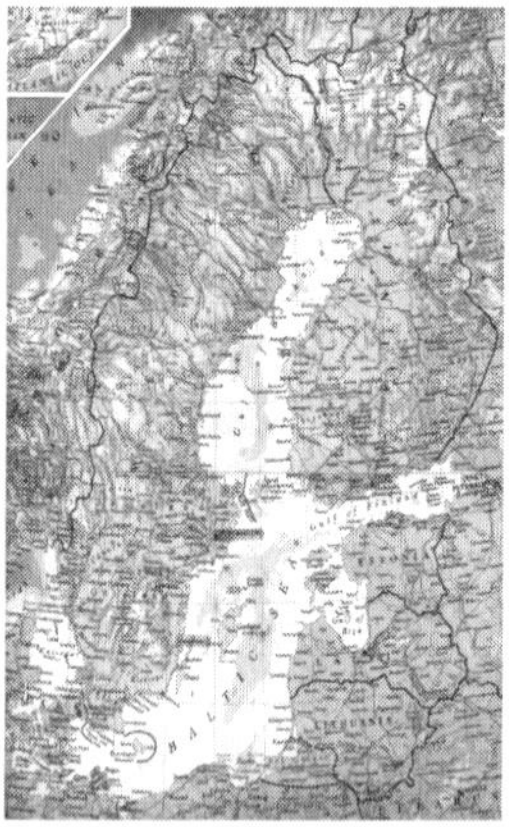

オスカーシャム原発
Source： World Atlas

図11　原発事故の想定訓練—3

ルト海沿い（地図の中央部）にあります。そこから南西の内陸に向かって、ちょうど風の影響で汚染された空気がどんどん流れていった。

ですから、コスタとかオレフォース地域が高濃度汚染地域と判定しました。コスタとかオレフォースは、スウェーデンの工芸品の、またデザインの代表としてガラス容器は世界的に有名で

まとめ

その後２月１１日から４週間の状況

① 最初の２日間で、ＯＫＧの原子炉損傷は終息した。（ＩＮＥＳ ５）

② ただし、原子炉はシャットダウンしたままである。

③ ベントの結果、放射能汚染は拡大し続けている。

④ 汚染程度の分析が続けられた。

⑤ 汚染程度により地域を区分けして、高濃度の汚染地域から除染作業を始めた。

⑥ 風の流れによって、原発から南西にあたるコスタ地域・オレフォース地域（ガラス工芸で有名）が高濃度汚染地域と判明した。

⑦ 高濃度汚染地域住民 12,000 人に避難勧告が出された。

⑧ 市が避難場所を用意したが、働く職員の数が極端に不足した。

⑨ 多くの家屋や工場が空家になった。

⑩ 泥棒などの犯罪が増加した。

原発の保守点検
Source : Vattenfall

図 12 原発事故の想定訓練—4

す。そういうガラス容器をつくる工房が割合密集している地域で、ほかの所よりも人が多いです。こういうコスタ地域、オレフォース地域が高濃度汚染地域と判明しました（**図12・前ページ**）。

そういう高濃度汚染地域の住民、約1万2000人に避難しなさいと、ちょうど日本では、原発の近くの大熊町とか浪江町とか、ああいう所に相当する地域住民に避難勧告が出されました。

そしてこれを管轄するオスカーシャム市（編集部註：オスカルスハムン市とも表記する）が避難場所を用意しましたが、避難する場所があっても、そこで働く市職員の数が極端に不足していました。職員自身も汚染地域にいるわけです。自分の行動と市の職員として人を助ける活動と、プライベートの活動と公の活動とのサンドイッチになり、圧倒的に職員が足りなかった。

それから、避難すると多くの家屋や工場が空き家になります。その結果、それを狙った泥棒などに入られました。これは日本でも、当日は略奪も何も起こらなかったと言われており、外国でもその辺が日本人の美徳として報道されていますが、その後、私がスウェーデンのテレビチームなどと現地に行くと、事態はそれほどきれいなものではありませんでした。泥棒には入られるし、私自身も泥棒と間違えられたこともあります。飯舘村などでも、多分どこの町でも村でも、避難した地域の各地でそれを防ぐためにパトロールに回っていました。

そういうところで、ちょっと私たちは、ごまかされてはいけない。人間のやることは同じです。日本だから略奪も泥棒もないと思うのは大間違いです。私たちは知らないだけであって、現に地域の人たちは非常に困っていました。この辺は、同じ人間として認識することが大事なのではないかと思います。
事故後の4週間の間には、泥棒などの犯罪が増加したというような問題が浮かび上がってきました。

◓広域的な地域で起こった問題点

1-市の仕事、県の仕事

ちょっとここで頭の中に入れておいていただきたいのは、こういう諸々の問題を実際に担当するのは、県なり市の役割です。県と市の役割は日本と違います。スウェーデンで言う県の仕事というのは、そんなにありません。高度の医療と保健と予防です。これに尽きます。市の仕事は、プライマリーケアです。風邪などの軽い病気は全部、市の問題です。それから義務教育、高校まで含めた教育は市の担当です。それから高齢者の介護。これは県の仕事ではなくて市の仕事です。それと身体障害者の福祉、福祉にかかわる問題は市の担当です（図13・次ページ）。

ですから、原発事故が起こって、住民に対するサービス、避難する住民をどう扱うかというのは、市が直接やらなければなりません。市と県の役割を頭に入れておかないと、どこで人が足りなくなるのか、といった問題に対して、もう一つピンとこないところがありますので、この辺はくんでおいてください。県は高度医療と保健だけをやる。市は住民に直結する問題を扱う。これ

まとめ

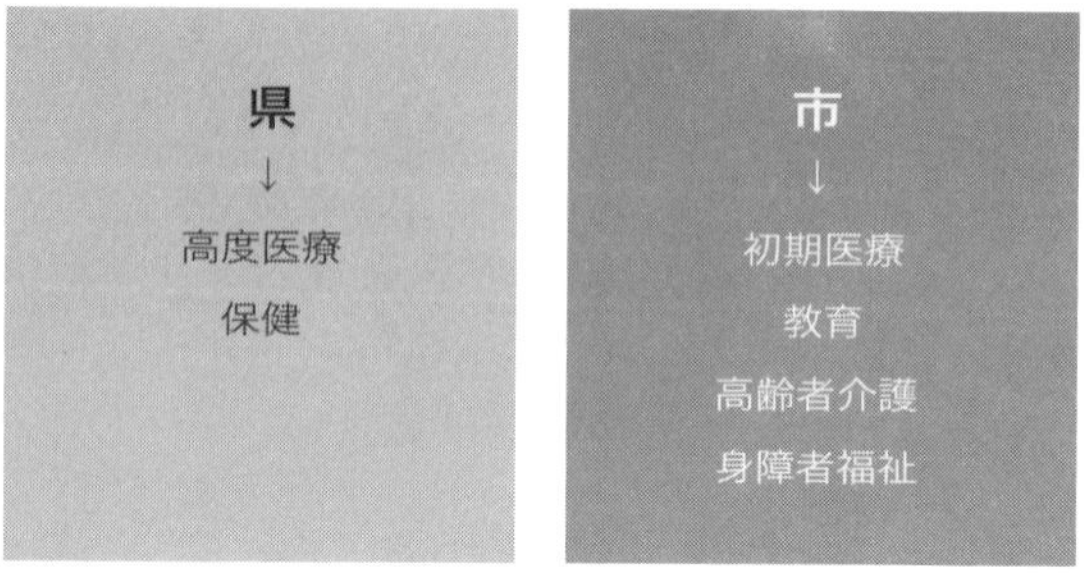

図13　県と市の役割分担

がスウェーデンの市と県の行政組織です。

原発事故の想定訓練に戻ります。2011年に原発事故が起こった場合の総合的な訓練をしました。もっと広い地域ではどうだったのか、その時に浮かび上がった問題の続きを紹介します。

2‐停電による社会的影響

オスカーシャムというスウェーデン南部の原発で起こった事故ですが、まず、送電を意図的にストップしました。もし電力が全部止まったらどうなるのか。その結果、スウェーデンの首都であるストックホルムで36時間停電が続くなど重大な影響がある、という結果が出ました。

図14（次々ページ）の写真にありますが、電気はスウェーデン人の命綱です。私たちもそうですが、スウェーデンは日本よりもっと電力に依存しています。結局、生きていくための暖房――そのために地域暖房を使っていますので、電力と共に熱が供給されます。大袈裟ではなく、住居、

建物を暖房しておかなければスウェーデン人は凍えて死んでしまいます。この訓練で想定しているのは2月11日で、スウェーデンでは真冬です。マイナス20℃、30℃になり、そういう状況の中で停電が起こると、重大な影響が当然現れます。

それから、汚染により主要道路の通行が閉鎖されました。それから、当然信号機が止まってしまいます。鉄道は、スウェーデンの南部は鉄道がないわけではないですが、全部ストップしたからと言って、それほど大きな問題にはなりません。

私も昨年、スウェーデン内部のほうに行きましたが、鉄道を使うよりは時間がかかりますが、バスを使ったり飛行機を使ったりするほうが安上がりですので、鉄道網にはそんなに重きを置いていないので、物資の輸送は当然トラックです。

3 - ヘルスケアを含む社会サービスの混乱

そして、原発事故の想定訓練の広域地域への影響で、一番大きな問題としてクローズアップされたのはヘルスケアです。市レベルでもそうでしたが、それから医薬品なども含めてケアする物質が不足してしまう。それからまた大病院も汚染地域にある大病院が閉鎖されてしまい、手術もできない。残りの病院も、放射能に不安を抱える市民が、「浴びているんじゃないか」「測定してほしい」「どうしたらいい」等々いろいろと訴えて病院に駆け込みます。そういう状況に対して、スタッフ不足もあり、施設の数も少なくなって、大混雑をきたしました。

広域地域に対しては、ヘルスケアを含む社会サービスの混乱がスウェーデンでは非常に大きくクローズアップされました。これはスウェーデンが福祉国家と言われるだけに、実際にケアの対象に立っている人が、どのように避難するのか。問題になるのはその具体的な避難対策です。そういう人たちに「今、こういう状況ですよ」と、避難警報をどういう具合に伝えるのか。耳が聞

まとめ

広範地域への影響

① スウェーデン南部の送電を意図的にストップした。

② その結果、ストックホルムで 36 時間停電が続くなど重大な影響が現れた。

③ 主要道路の通行が閉鎖された。

④ 鉄道網は、南部スウェーデンでは少ないので大きな影響はなかった。

⑤ 最も影響が大きいのはヘルスケアである。

＋スタッフがいない。

＋ケア物資が不足する。

＋大病院は閉鎖された。

＋残りの病院も不安を抱える市民で大混雑を来たした。

⑥ ヘルスケアを含む社会サービスの混乱が大問題となる。

＋避難対策をどうするか。

＋避難警報をどう伝えるか。

電気はスウェーデン人の命綱
Source : WWW.msb.se

図 14　原発事故の想定訓練—5

こえない人もいるでしょうし、寝たきりの人もいるでしょう。スウェーデンでは家族が世話をするというよりも、大体施設が世話をするというのがスウェーデンの方式です。そういう避難警報をどうやって伝えるのか。これも結局、情報の問題ですが、広域地域への影響として大きくクローズアップされました（図14）。

産業と企業への影響

続けて2011年2月に想定シナリオに基づいて原発事故の国民的な演習をしましたが、そのときに、産業と企業にどういう影響が出てきたのか、という問題です。

まず、従業員を汚染から防ぐにはどのようにするか。空から降ってくる汚染された空気。これを従業員は当然吸うので、従業員が汚染されてしまったら工場をストップせざるを得ません。そういうことになったら、それに対してどうするのか。汚染防護のマスクとか、防護服とか、ゴーグルとか、そういう防護の用具が当然足りない。それをどうするのか。そして普段からどうしたらいいのか。

それから放射による汚染は、当然農作物にも影響します。スウェーデンは1995年にEUに加盟していて、農作物に対するEUの基準を非常にまじめに守る国です。まじめに守るがゆえに、放射能によって汚染された食物がEUの基準に合わなければ、スウェーデンは食物を輸出することができません。当然、自分たちも食べることができません。

ですから、EUに対して輸出される肉類とか卵とか酪農製品にはきちんと検査して、安全だと確かめてから輸出しなさいという基準がありますので、スウェーデンは汚染された食品の分析をしなければなりません。

それから、輸出している輸出先から、食品に対して、「あなたたちからこういう食品を買っているけど、本当に大丈夫なのか」「もう1回引き取って検査してほしい」というようなことを、福島でもさんざん経験しました。こういう問題が出てきます。

それと関連して汚染地帯の畜産動物の避難の問題。牛、豚などの汚染動物の避難をどうするのか。処理をどうするのか。これは、私自身がスウェーデン人のテレビチームと飯舘村に事故後すぐ入り、地元の畜産農家の方にインタビューしましたが、自分が飼っている牛をどうするのか、非常に大きな問題でした。

これも原発事故が起こったとき、産業と企業にどういう影響が現れているかということを、訓練を通じてスウェーデンが直面した問題ですが、スウェーデンの通貨の問題があります。

スウェーデン通貨は一時大幅に下落しましたが、また持ち直しました。銀行や保険会社が大きな影響を受け、通過の流通が滞り、現金不足が起こりました。ただ、これは時間の問題で、やがて解決します。例えば、みなさんも災害のとき現金がなければ、銀行からお金を下ろそうとします。しかし、そういうときには銀行ATMも止まって受け付けない。これは商売でも同じですが、通貨の不足が起こると通貨流通の問題が起こります。これもまた、大規模な想定訓練の中で浮かび上がった問題です（**図15**）。

まとめ

産業と企業への影響

① 従業員を汚染からどのように保護するか。
② 防護用具の不足をどうするか。
③ 汚染食物に対するＥＵ基準が浮かび上がった。
④ スウェーデンは輸出食品の汚染分析を強要された。
⑤ 輸出先からスウェーデンに対して食品のリコールが強まった。
⑥ 汚染地帯の畜産動物の避難や処理にどう対処するか。
⑦ スウェーデン通貨は一時大幅に下落したが、また持ち直した。
⑧ 銀行や保険会社の営業が、大きな影響を受けたままで、特に通貨流通が滞り現金不足が生じた。

物資の供給確保が課題
Source : www.msb.se

図 15　原発事故の想定訓練—6

◒ 政府・行政から市民への情報提供不足

そして社会不安の増加。事故が起こったときから1週間後からどういう問題が起こってくるかと言うと、突然放射能という目に見えない火の粉が降り掛かってくるわけですから、それに対して、皆さん一生懸命です。ところが、だんだん事態を客観的に眺められるようになります。事故後2週間経って、ある意味もっと冷静になってきます。そのときに今度は市民の間に不満と怒りが充満してきました。どのような怒りかと言うと――。

主な怒りの原因は、市民やメディアの意見と質問に政府・行政が耳を貸さないことによります。市民にもいろいろ聞きたいことがあります。新聞が、事故の担当者に、「○○について、これはどうなのか、こうなのか、ああなのか」といろいろな質問をします。それに対して、「ちょっと待て」「これは管轄じゃないから、ちょっとあちらへ」とタライ回しにされます。もちろん程度の差はありますが、日本同様にスウェーデンでも当然、省庁というのはそういう体質があります。

どこの誰が責任者なのか。例えば市の担当者に、「この水は飲んで大丈夫なのか」と聞いても、「ちょっと待て。自分は即答できないから」とほかの部署に回す、ほかの省庁に回す。

それから、「ちょっと離れた所では除染作業が行われているが、自分の所では、いつ除染作業が始まるのか」「どのように除染作業をするのか。ホースの水で洗い流すのか、それとも土をはがすのか」「飲み水は市が管轄しているが、それが統一されていない」「私たちが吸っている空気の汚染──放射能の降下物がどれくらい続くのか」具体的な質問が山のようにあるが、しかしこういう問いに対して、はっきりした情報提供がなされていないという社会不安です（**図16**）。

そして、２０１１年2月2日に起こった事故で、事故後ひと月経っても、市のヘルスケア・公

まとめ

社会不安の増加

① 事故後２週間が経って、次第に市民の不満と怒りが充満してきた。

② 主な原因は、市民やメディアの意見と質問に政府、行政が耳を貸さないことにある。

＋何処の誰が責任者なのか。

＋質問が省庁間をタライ回しにされる。

＋除染作業が行なわれるのかどうか。またどのように行なうのか。

＋飲料水について、市当局の見解が統一してない。

＋大気汚染がどの位続くのか。

③ 事故から１月経過しても、市 (教育と福祉担当)、ヘルスケア、公共交通、警察と治安の活動が不十分で、市民の不信が募る一方である。

④ 市民の間に、元の生活に戻れないのではないかと言う、無力感さえ生まれつつある。

生活不安が高まる
Source : www.msb.se

図16　原発事故の想定訓練─７

共交通・警察と治安の活動が不十分で、とりわけヘルスケアに対する不安は、実際に寝たきり老人の場合、障害を持っている人の場合は、市民の不安が募る一方で、適当な答えが返ってこない、適当な対処方法を示されないと、だんだん市当局への不信が募ってくる。それがあまり続くと、もう元の生活に戻ることができないのではないか、という無力感さえ生まれてきます。

無力感というのは怖いです。結局、本人が動かなくなってしまう。もう何をやっても駄目だ、放っておこうとセルフ・ネグレクト（自己放任）に陥る傾向があります。そうなると、どんなに援助機関が動こうとしても、力が半減してしまいます。そういう無力感が生まれて生活の不安が高まり、社会不安が増加します。これが、想定訓練を通じてスウェーデンが得た教訓です。

◒想定訓練を通じて得た教訓のまとめ

1 対処すべき問題に優先順位をつける

それでは、今のように、2月2日に起こった原発事故に対して訓練を行ない、それからスウェーデンとしてはどんな教訓を得たのかまとめてみたいと思います。

まず訓練から得た教訓としては、放射能大気汚染物質の処理と電力供給の不足が一番の課題として挙げられました。当然ですが、その対処方法をもっと改善しなければ、これまで述べたような問題がいろいろ浮かび上がってきます。

しかし、何もかも一度にやろうと思っても無理ということがわかりました。そこで、今やるべきもの、明日やるべきもの、1週間後にやるべきもの、1年後にやるべきものと優先順位をつけること、対処すべき問題に優先順位をつけることが大事ということがわかりました。

問題の見方が、関係する人によって異なるので、優先順位をつけることはなかなか容易ではありません。優先順位をつけて、「これを最初にやります」と言っても必ず反対が起こります。ですから、優先順位をつけるということについても、単に羅列的に並べるのではなく、システムが必要だということがわかりました。

2-立場の異なるグループを四つに分類

スウェーデンが得たシステムを設けるための教訓というのは、立場の異なるグループを四つに分類して、そこで優先順位をつけるということです。

まず個人と人間に重点を置くグループ。それから組織――組織というのは市とか県とか行政組織が主です――に重点を置くグループ。それから技術――原子力発電所の、原発にかかわる技術だけではなくて、そのほかの電力にかかわるもの。いわゆる技術的な問題すべて――に重点を置くグループです。当然、そこに携わっている技術者としては、その問題を最初に解決してほしいと思います。それから社会経済に重点を置くグループ、例えば銀行などは、電力が、インターネットがストップしていたら、それを早急に、「これこそ一番大事だ」と訴えるかもしれません。

まとめ

訓練からの教訓

1．放射性大気汚染物質の処理と電力供給不足が一番の課題である。
2．その対処方法をもっと改善しなければならない。
3．対処すべき問題に優先順位をつける。
4．問題の見方が、関係する人によって異なるので、優先順位をつけることは容易ではない。
5．そこで、立場の異なるグループを四つに分類する。
　① 個人と人間に重点を置くグループ
　② 組織に重点を置くグループ
　③ 技術に重点を置くグループ
　④ 社会経済に重点を置くグループ
6．事故の影響は時間の経過により変化するので、事故から２週間、２週間から１年間、１年以上の３段階で考える。

環境汚染は長期にわたる
Source:www.okg.se

図17　訓練から得られた事故対策方法

それぞれの利害関係に基づいて、四つのグループに分けました。これは非常に論理的だと思います。私たちも、何か事故や危機に対する対処の仕方として、みんな立場が違うということを念頭に置いて、最大公約数でまとめられるグループ分けで問題の対処を考えていくことは、ある意味では有効な方策ではないかと思います（**図17**）。

そして、以下のように分類します。事故の影響は、時間の経過により変化するので、事故から2週間後、2週間から1年間、1年以上の3段階によって、その影響を考えていきます。

福島の原発事故から3年経ちました。「3年経過しても何も変わっていない」と言う人と、「いや、ここまでよくやっている」と言う人と、それぞれ立場が違いますが、いまさら事故後2週間の問題をとらえることは、私たちはできませんが、こういうように論理的に、システムで考えるのは、これから起こるであろう事故に対しては非常に有効ではないかなと思います。

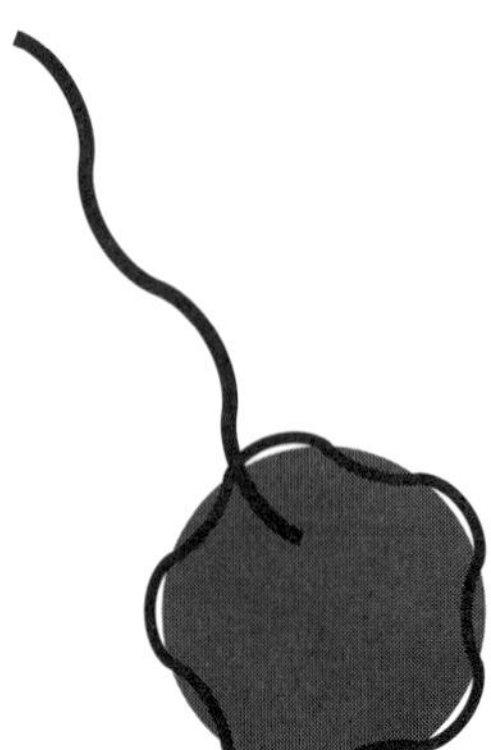

第２章　市民を放射線からどう守るか

第3章

原発事故想定訓練から得られた対策

起こり得るさまざまな危機に対して、スウェーデンはどのような管理体制をとっているのか、4章にわたって考えています。

2011年2月、福島の原発事故が発生する1ヵ月前に、スウェーデンでは大規模な原発事故演習が行なわれていました。

原発事故が起きた際に国としてどのような対処が可能なのか、その危機管理能力の検証を行なうことが目的でした。

スウェーデンがこの演習から得た教訓とは何だったのでしょうか。前章に引き続いて解説します。

これまでのあらましを述べます。まず第1章、第2章では、2007年に、スウェーデンは国として考えられるどんな危機があるかを総ざらいして、総合評価書というシナリオをつくりました。その中には18項目、スウェーデンの国に対して危機を及ぼす項目がピックアップされ、特にその中でも原子力発電所の事故、原発事故とそれに伴う放射能汚染を中心に、スウェーデンの危機管理のあり方を紹介しました。

最初に2007年につくったスウェーデンのシナリオがあります。そのシナリオに基づいて、2011年に、今度は原子力事故が起こったときの演習をしています。これは市民から行政から、いろいろな層を巻き込んで演習をしました。

そしてその演習、これは2011年の2月2日に事故が起こった、南のオスカーシャム原子力発電所という所で原子炉の損傷が起こった、ということを想定した演習ですが、それを第2章に紹介しました。

◒危機管理の一番の要諦は市民が正しい情報を得られること

今回はその3章目ですが、演習で大きくクローズアップされたのは、市民が正しい情報が得られないということです。すべて情報公開の問題点、情報を出すということと、情報の持ち主と受け手の間のコミュニケーションに危機管理の一番の要諦があるのではないかと思っています。

そして、演習に基づいたそれらの問題点を分析して、どういう対処をしたらいいかと言うとき、スウェーデンはその対処の仕方に優先順位をつけることにしました。ところが優先順位をつけるとなると思わぬ問題が持ち上がりました。それは、原発事故に関与するそれぞれの当事者、または被害者。福島の原発事故でもそうでしたが、被害者でもその地域にいる人、５キロ圏の人、10キロ圏、30キロ圏の人、60キロ圏、東京の人、はるか彼方の人によって、それぞれのとらえ方が違います。

またそこに携わる人、例えば行政に携わっている人、運輸に携わっている人、産業に携わっている人、農業に携わっている人によって、それぞれ立場が違います。そうすると、優先順位をつけるときに、どの立場の人の言い分を最優先するか、とても難しい。ある意味では、それが不可能ということがわかりました。

そこで優先順位をつけるのにスウェーデンが取った方策は、四つのグループをつくりました。個人と人間に重点を置くグループ、組織、県とか市とかの行政に重点を置くグループ、技術に重点を置くグループ、社会経済に重点を置くグループ。この四つに分けて、その四つがそれぞれどういう問題を見つけ、どういう対処が必要かというのを、総合訓練の結果、結論づけました。

◒ 総合訓練を通じての個人と市民への対策

今日は、どういう問題が浮かび上がってきたか、優先順位をもとにしながら紹介していきたいと思います。

まず、総合訓練を通じての個人と市民への対策です。事故が起こった後、住民、citizen に対する対策はどのようにしたらいいか、ということです。

まず、市民個人の最大の問題、住民が抱える一番大きな問題は、原発から吐き出された汚染された空気です。放射能被曝と電力不足です。この二つが大きな問題です。

これは2011年2月2日に事故が起こったことを想定していますが、事故後2週間すれば最も大事な対策は情報提供です。

まず、なぜ事故が起こったのか。その原因と状況の情報提供です。それから事故対策の進捗状況――どれだけ事故対策が進んでいるのか。そういう中において個人はどうしたらいいのか――ということに対する情報提供です。それが事故から2週間後までに大事な対策です。

事故から2週間を過ぎた後の1年の間に、今度は被災者の将来の生活に対する対策が優先課題になってきます。例えば、そこから避難しなければならなかった人は、避難先での生活、経済的な問題がだんだん深刻化してきます。そのときは無我夢中で逃げたけれども、放射能に汚染された大気を吸ってしまった、触ってしまった、そういう被曝への関心がだんだん深刻化してきます。それから避難先での被災者への対応が時間の経過とともに深刻化してきます。

そして将来に対する不安への具体的な対策。抽象的ではなくて具体的な策を示して、それによって対処しなければなりません。例えば住んでいる場所、住居、通う学校、働いている職場、これらが全部変わってしまった、なくなってしまった、そういうときにどうするか。

それから経済的な損失。家を捨てなくてはならなかったとか、仕事を変えなければならなかったとか、いろいろな経済的な損失。自分の生活──貯金にしてもそうですし、年金にしてもそうです。そういうもろもろの生活にかかわるお金の問題。これに対する保障をどうするのか。保障が得られるのかどうか。こういった将来に対する不安への対策を一番考えなければいけません。

そして1年経つと、皆さんかなり落ち着いてきますが、特に被災者に対する経済補償。とりわけ放射能汚染に由来する病気の問題、放射能被曝の医療補償が最大の課題になってきます。

これが最大の課題で、対策としてはどうしなければいけないかというのは、「これだけの補償をしますよ」とか、「こういうようにしてください」とか、「行政または政府がこういうようにします」と、まず一番大事なのは常に情報提供を続けるということです。

そして、市民は原発事故に直面して素人というか、専門家ではないので、いろいろな疑問を抱えています。まずは自分の生活があり、その生活に対して抱える不安をどうしたら解決できるのか、いろいろなことを行政に対して、または当局に対して質問します。またマスメディアもそれを取り上げます。そういう疑問や不安に対して、担当者、担当局、政策者は一にも二にも常に情報提供をするということです。

図18に挙げているのは、写真がぼやけていますが、スウェーデンの各小学校に配付される危機管理の教材です。この中で、危機に直面したら「こうしなさい」というページがあります。もち

まとめ

① 市民個人への最大の問題は、放射能被曝と電力不足である。

② 事故後２週間までに最も大事な対策は、情報提供である。

＋事故の原因と状況について。

＋事故対策の進捗状況について。

＋個人はどうしたらよいのか。

③ 事故後２週間から１年間では、被災者の将来生活に対する対策が優先課題になる。

＋経済的な問題が深刻化する。

＋被曝への関心が深刻化する。

＋避難生活者への対応が深刻化する。

④ 将来に対する不安は、具体的な対策によって対処しなければならない。

＋住居、学校、職場の用意。

＋経済的な損失に対する補償。

⑤ 事故後１年後からは、特に経済補償とがんなどの原因となる放射能被曝が最大の課題になる。

⑥ 常に情報提供を続けることが基盤である。

学校に配布される危機管理教材
Source:www.msb.se

図 18　個人と市民への対策

ろん、今でも3・11の後は福島でも、東京でもそうですが、グラッときたらすぐ机の下に身を潜めるとかということもありますが、それと同じようなことを微に入り細をうがって紹介した教材を先生が子どもたちに教え続けています。

その中には、どこにコンタクトしたらいいかということまでいろいろ書いてありますが、ともかく大人から子どもまで情報提供というのが最大の対策であるというのが、この演習を通じてスウェーデンが学んだことです。

もちろんスウェーデンはもともと情報公開が非常に進んでいる国ですので、情報公開が改めてここでクローズアップされるということは、私にとってはちょっと驚きの面がありました。けれども、やはり情報公開というのは、情報を与えて与えすぎることはないということと、人の不安なり不満なりは、情報提供による情報を得ることによって、的確な返答を得ることによって、かなりの部分が緩和されるということを、改めて認識しました。

◒ 行政組織人中心のグループへの対策

1-2月2日に事故が起きて最初の2週間

それからさっきの四つのグループのうちの一つである組織というのは、市とか県というようなな言葉に置き換えていいかもわかりませんが、行政組織人中心のグループへの対策。組織から見た場合、放射能汚染の問題は原発近辺の県と市に最も影響します。

繰り返しになりますが、この原発事故が起こったのは、スウェーデンの南のほうのオスカーシャム市にあります。そこでＯＫＧという発電会社が原子炉を運転していて、その中の一つが事故を起こしたという想定をしています。

組織への対策としては、オスカーシャム原発近辺の県とオスカーシャム市がまず最も大きくクローズアップされます。２月２日に事故が起きて最初の２週間は、中央政府、県、市が協力して、市民に対して迅速に情報提供を行なう相互の協力体制、情報交換が重要課題になります。

事故を起こした発電会社のＯＫＧと行政は、まず事故の対処方法について情報交換を行ないます。これは私たち福島県の場合もそうでした。いろいろマスコミにもクローズアップされましたが、福島県と地元の双葉町や大熊町の町長、南相馬の町長などの行政と発電会社東電と中央政府との間での情報交換が最優先に行なわれなければなりません。

ところが、スウェーデンのテレビチームの一人として、私も福島にはすぐ入りましたが、とにかく情報がないということをいろいろな所で聞かされました。情報交換を行なうことがまずなければならないのです。

それから、放射能の汚染により、農家と食品産業が重大な影響を受けます。福島ではお米などの農作物農家、牛・馬・豚とかの畜産農家、養鶏農家等の問題が、今でも続いていますが、農家と食品産業も重大な影響を受けることに対する対策が２週間の間の重要課題になってきます。

2-事故から2週間を過ぎて、次の1年間

2週間を過ぎて、次の1年間ではどうなのか。今度はそれが、原発のある市のサービス体制と財政の問題として浮かび上がってきます。当然、市が汚染されれば、市当局も、例えば双葉町が埼玉県の加須《かぞ》市に町役場を全部移しましたが、あれと同じように市も移動して、避難して、引っ越してきた住民の問題が、今度はクローズアップされてきます。住民が避難するためにそこからいなくなれば、当然そこでの税収の問題が浮かび上がります。

これはスウェーデンの特徴ですが、スウェーデンは日本と比べて完全な地方自治の国です。スウェーデンでは県が約20、市が290あり、それぞれの地方自治体が、地方自治の根源である自分で税金を徴収して、自分で使うという法式を取っています。

ですからスウェーデン人は、所得税は原則、国には払いません。所得税は全部、県と市に行きます。そういう背景があるので、県と市は、住民が払う所得税で成り立っています。

そういう住民が、原発事故により移動してしまうことによって財政が成り立たず、すぐお金がなくなってしまう。市の財政は1年先はどうなるのか、などという問題が非常に大きくなります。そういうときの解決法に、国からの財政援助が考えられますが、中央政府は地方自治に対して口を出してはいけない、と憲法に規定されています。そういうときに、財政援助をどうするのか。極端に言うと、憲法まで改正しなければならないかもしれません。

そうなると、今までの法律に基づいた法律の適用に対して政府と国会は政治的な判断をしなければいけません。必ずしも行政レベルの判断ではなくて、政治的な、一番優先すべき問題が、市や県の組織に対する対策としてクローズアップされてきます。

政府が政治的な判断をする場合、社会全体に政治的な判断が必要になり、決断が必要になります。そもそも政府は当然、国会で決めたことを反映させ、それを運営するのが政府の役割ですから、政府は国民からの信頼を得るために総選挙を通じて構成されます。たまたまスウェーデンでは、今（２０１４）年がその総選挙の年ですが、そういうときに、社会全体――投票権を持っている人たち一人ひとりが、納税者一人ひとりがどういう考えを持って、国会という場を通じてそれを政治に反映させるか。これ（投票率が毎回85％以上という総選挙）が社会全体の決断になります。ここで国民の合意が形成されるということです。

言葉で言ってしまえばそれだけのことですが、私たちが福島の原発事故の後、もっと考えなければいけない、もっとコミットしなければいけないのは、この辺にあるのではないかと思います。

それと、いわゆる原発事故の風化の問題があります。福島の人たちは、「私たちはもう、東京の人たち、ほかの国民から忘れ去られようとしている」と、それを非常に恐れていますが、人間として、原発事故の風化は避けて通れない問題だと思います。

３・11の直接の被害者でない限り、その問題は、そんなに毎日考えているわけではありません。そういう場合、福島の被災者の人たちは、今でも２０１４人が行方不明になり、およそ14万人が仮設住宅に住んでいる。訴訟問題もそろそろ起こってきました。そういう問題に対して、住民がどういう意思を持って、どのようにその意思を、例えば市議会なり県議会なり国会なりに反映させていくか。この辺のプロセスが、3・11以後の福島を見ると、どうもはっきりと見えてきません。この辺に日本の民主主義の大きな問題がひそんでいるのではないかと思います。

住民の意思を国会のレベルに、また政治のレベルに反映させるというメカニズムがあるのかどうか。3・11のような大災害が起こったときの対策として、最初に私たちは気がつかなければいけない。また、もしないのであれば、これを契機に、そういうメカニズムを今後いかに効率よくつくっていくかということが、過去の災害で犠牲になった方々への支援になり再構築のもとになるのではないかと思っています。皆さん、いかがでしょうか。

3-事故1年後から

本題に戻ります。事故1年後から、今度は全体のエネルギー体系にかかわる課題が浮かんできます。スウェーデンのエネルギー供給は、電力だけで見ると細かい数字はいくらか違いますが、半分は水力発電に、半分は原発に依っている原発大国です。

スウェーデンの今回の演習を通じて、こういう事故を起こした原発の安全性について、国民全体での議論、意思決定が必要になってきますし、こういう事故はむしろ、そういう意思決定や今後の方策を考え、エネルギー体系や原発の安全性を考える非常にいいきっかけになるのではないか、とはっきりと位置づけをしています（図19）。

私たちも、福島の事故を経験したからには、これをもっと将来に活かせるような良いきっかけにすべきではないかと思います。その場合にエネルギー体系、原発のあるべき姿に対して、私たちは、自分を含めてですけれども、総括的な議論をしていません。

まとめ

組織から見た場合、
放射能汚染の問題は、原発近辺の県と市に最も影響する。

① 事故後２週間は、相互の協力体制、情報交換が重要課題になる。
　＋中央政府、県、市が協力して市民に対して迅速に情報提供を行なう。
　＋事故を起こしたＯＫＧと行政は、まず事故の対処方法について情報交換を行なう。
　＋農家と食品産業も重大な影響を受ける。

② 事故後２週間から１年間で最大の問題は、市のサービス体制と財政である。
　＋市も移動し、避難住民、移住住民、引っ越し住民の問題が押し寄せる。
　＋住民の移動により、税収の問題が浮上する。
　＋解決には、国からの財政援助が不可欠になる。
　＋政府と国会は、政治的判断をしなければならない。
　＋社会全体に政治的な決断が必要になる。

③ 事故後１年後から、エネルギー体系、原発の安全性など国民全体での議論と意思決定が必要になり、事故はそのよいきっかけである。

ともかく情報公開
Source:www.okg.se

図 19　組織への対策

先日も、日本のエネルギー体系がいつの間にか決まって、原発も再稼働する方向に動いていると思います。こういうことでいいのか悪いのか、私たち国民全員が考えていく必要があります。そういうことを、スウェーデンの総合訓練から、私たちは知り得るのではないでしょうか。それが日本の再構築になるのではないかと思います。

◒技術に携わるグループへの対策

1-原子炉のどこで事故が起こったか即座に発見

先ほど、優先順位をつくるために四つに分けたグループがあります。3番目に挙げた技術に携わる人たちのグループは、当然、技術的な観点から優先順位をつけます。技術的な問題への対策は、どのようにしたらいいのでしょうか。

原発の事故の後、対処すべき技術的な課題は、食品のテストと分析にかかわる専門家の確保というのがスウェーデンの結論です。「おや?」と思われる方が多いと思います。原発の事故なのに、原発の事故そのものはどうなっているのかと。ただ、これは、最初の1回目、2回目で触れた問題ですが、スウェーデンの原発は自分の国で開発した原発です。技術者、大学の先生、企業、そういう原子力に携わる人たちが集まり、1970年より少し前ですが、最初の実験炉をつくりました。

それから、今回の演習で事故が想定されたオスカーシャムの1号炉ですが、これもスウェーデンの自前の技術でアセア・アトム社と、スウェーデンの王立工科大学の先生たちが設計図を引き、組み立ててつくり上げた原発です。ですから、自分たちの子どものように、隅々までその性格（取り扱い方）は知っています。

ですから原発の事故は、原子炉の格納容器が破損されたというのが、今回の総合演習の想定ですが、その想定上の原子炉の事故は、ベントすることで2時間で空気の汚染は止めました。それから、原子炉のどこで事故が起こったかというのは即座に発見しました。この辺が、この事故に対する大きなポイントではないかと思います。

私たちは、今日本には50基（3・11の前は54基）ある原子炉を再稼働するかどうかというときに、科学者や現場のオペレーターではなくて、設計図のレベルまで立ち入って、どんな材質を使って、どんな構造で、冷却装置がどうでというぐあいに、そのすべてにわたって知識を持って、きっちりと対処できる人材を育て上げることを大きなファクターにしないと、結局また福島と同じような結果になってしまうのではないかと、今回このスウェーデンの調査をしてつくづく感じます。

2-電力不足の問題は1年以内に解決がつくが、道路の確保が課題

技術に携わるグループへの対策で、原子炉そのものの技術の問題が入って来なかったのは以上の理由によります。その代わりに入ってきたのが、先ほど述べた食品のテストと分析です。汚染

された食品をテストして、食べられるのかどうかそれを分析しなければなりません。そのときに、そういう活動ができる専門家が必要になりますが、専門家の確保が問題としてクローズアップされました。

実際に現実的な問題としては、電力供給不足があります。原発がストップすると電力不足になりますが、この問題は1年以内に解決がつく、というのがスウェーデンの結論です。

1年以内に解決がつくということは、まず原子炉自体の破損箇所が修復できるということと、もう一つ、特に北欧諸国がお互いに電気のやり取りをして不足分の電力を補い合っています。電力が足りないときにはノルウェーやドイツから入れたり、余っているときにはドイツやオランダに輸出したりしています。例えばドイツの電力は、スウェーデンに本拠を置くバッテンフォールという電力会社が大量に電気を供給し、またスウェーデンの国営会社がドイツでの発電所を運転しており、相互乗り入れをしていますので、電力の供給不足は割合簡単に解決がつきます。電力の問題は、そんなに大きな問題にはならなかったのでしょう。

次に輸送の問題です。汚染されることによって、また電力が足りなくなることによって、輸送路が閉ざされてしまいます。輸送路というのは命綱になりますので、輸送の問題をどうするか。スウェーデンの道路は全部、ヨーロッパ大陸と橋でつながっていますので、そういう点ではヨーロッパ大陸と同一です。お互いの行き来を確保するためにどうするか。前回の想定シナリオの中でスウェーデンも言っていますが、道路が汚染によってストップしてしまったらどうするのか。

道路の確保が課題として挙がってきます。

3- 食品のテストと分析にかかわる専門家の確保

そういうもろもろの問題もありますが、特に原発事故の2週間以降には、除染とか食品テストについて分析の専門家の確保の問題がクローズアップされました。いきなり専門家を育てようと思っても、なかなかそうは間に合いません。特に食品に関する分野では深刻な状況が続きます。

スウェーデンはなぜこういうシナリオをつくり、演習をして、問題をピックアップしているかと言うと、それに対する対処法を考えています。食品の分析官がいなかった、分析する専門家がいなかった。それならば、これからは学校教育なり何なりを通じて、企業の協力を求めながら、そういう専門家をもっと育てよう、育てるために予算をつけようとするためです。ですから、今、スウェーデンは、こういう専門家がいないことに対して、それを増やそうとしています。

今度は長期にわたって、1年経ったときにまだ残っているのは食品のテストと分析です。これは私たちも経験しています。福島でもお米の問題に限らず、農作物、畜産物、卵などもそうですし、魚もそうです。風評被害も含めて、なかなか福島県産のものは買ってもらえない、という問題が発生します。そのためにも、食品のテストと分析を最初にしなければいけませんし、ずっと続けなければいけません。これはスウェーデンでも同じです（図20）。

福島でも、小名浜港の漁師の人たちが、自分たちで魚を捕っても、まだまだ売れるまでにはいかないと言っています。こういう場合でもまたテストと分析のデータを逐一公表し、「まだですよ」「もう大丈夫ですよ」とできる限り情報を公開しています。これは1年に1回、何かのときに出すのではなく、日常的に情報を出し続けることによって、国民の安心感を得て、そういう努力の積み重ねで風評被害をなくすということを、ここでは教えてくれているのではないかと思います。

まとめ

原発事故後に対処すべき技術的課題は、
食品のテストと分析に関わる専門家の確保である。

① 現実的な問題は電力供給不足であるが、この問題は1年以内に解決がつく。

② 次いで、輸送の問題がある。

③ 2週間以降には、除染、食品テスト、分析の専門家の確保の問題が長く続く。特に食品に関連する分野では深刻な状況が続く。

④ 事故後1年以上にわたる問題は、食品のテストと分析に関わるものである。

⑤ 放射能汚染と放射性廃棄物は数十年にわたり存在し続ける問題である。

⑥ 汚染地域を廃棄して、新しい場所にインフラを作る必要性もある。その場合には「環境法典」に従わなければならない。

⑦ インフラの再構築には財源が必要である。

専門家の確保が課題
Source:www.msb.se

図20 技術的問題への対策

4-「環境法典」に則って新しい町やコミュニティをつくる

それから、放射能の汚染と放射性廃棄物は、十数年にわたり存在し続けます。十数年で済めばいいです。福島の事故でも、汚染水が海洋に流れていく。海洋に流れていくのが何年続くのか。この辺の問題なども含め、一朝一夕に片付く問題ではありません。それでは、そういう事態に対してどうするかということを、今、スウェーデンは模索し始めました。

こういう汚染地域は廃棄して、そこの帰還困難区域は全部閉鎖してしまおう。そこの住民なり工場なり、いろいろな施設なりは全部ほかの所に移して、新しい場所にインフラをつくる必要性があるのではないか、ということを今、スウェーデンは感じています。

その場合、新しいインフラをつくるときに、ただやみくもに、避難だから、緊急事態だからそこにつくれということではなくて、スウェーデンの環境にかかわるすべての行動に見られることですが、インフラをつくるときの一番ベースにしているのは「環境法典」です。「環境法典」は、スウェーデンの環境法案のための法律です。

そこで大事なのは、「環境法典」に基づいた、環境裁判所の存在です。環境裁判所は、環境問題だけを扱う通常の裁判所と違った機能を持っている裁判所です。

ただ、環境問題だけを扱うというときに語弊があってはいけないと思いますが、環境裁判所は、社会的インフラ――工場でもそうですし、道路でもそうですし、ダムでもそうですが、あらゆる構造物の許認可権を持っている所です。

ですから、いきなり緊急事態だからと言っても、「環境法典」を無視することはできません。その環境法典の中に予防原則というのもありますし、あいまい原則というのもありますし、いろいろな原則がありますが、「環境法典」に則って新しい町なりコミュニティをつくるということです。これを改めてスウェーデンが強調しています。そうしなければ、次の環境破壊が起こるであろうという恐れがあるからです。

そして大事なのは、インフラの再構築には財源が必要です。これは市だけでやれるものではありません。先述したように、スウェーデンは地方自治体が税金を集めて使う権利と権限を持っています。完全な地方自治制度をとっています。

ただ、それでも広範囲にわたる放射性物質による汚染という問題は、市だけの問題ではありません。当然、国の関与が必要で、この財源をどこまで国が負担できるのか、という問題があります。スウェーデンは、この総合演習を通じて改めてそれを認識しています。

◒社会経済的なグループへの対策

1- スウェーデン経済は5年以内に回復できる

それから、優先順位をつけるための四つのグループ分けについてですが、4番目のグループである社会経済的な問題への対策としては、事故後2週間以内では、緊急に必要な対策は投資家の態度と経済見通しに対するものです。

例えば、スウェーデンも資本主義社会ですので、資本家や投資家からお金を集めて、株式を公開して、もちろん国営会社もありますが、それで株式会社が存続しています。

原発事故が起こった場合、株式市場では、大きな会社は操業がストップしてしまいます。投資家は当然、そのことによって株主たちが株を手放すのかどうか、平均株価が下がるのかどうか、スウェーデンの経済がどうなるのか、原発事故によって起こった経済的な損失が将来どのような結果を巻き起こすのか、ということを見極めなければなりません。これが、2週間以内でまず起こる問題です。

短期的には当然、市場の株価が下がります。その結果、スウェーデンの通貨はクローネと言いますが、1クローネは日本円にすると15円から17円。今、20円近く（2014年現在）になっていますが、大体クローネの価値が下がります。その結果、長期金利の高騰が起こります。

それでも、結局のところ、スウェーデン経済に対する投資家の信頼性に揺るぎがないかどうか。投資家のみならず国民が、「スウェーデン経済は腰がしっかりしているから大丈夫」という思いに至るか、「いや、これはもう駄目だ。売るしかない」と思われるかの信頼性の問題に帰します。

そういうことも含めて、想定した演習、エクササイズに基づいて、スウェーデン当局が結論づけたのは、スウェーデンの経済は5年以内には回復できるだろう、ということです。これは過去の経験が非常に役に立っています**（図21）**。

というのは、２００８年９月のリーマンショックの後のスウェーデンも、一時、経済が非常に停滞しましたが、世界でいち早く回復した国で、非常に健全な財政を保っていますので、大丈夫だろうという予測が成り立ちます。

まとめ

① 事故後２週間以内で社会経済的な問題に対して緊急に必要な対策は、投資家の態度と経済見通しである。
② 短期的には、株価の下落、クローナ安、長期金利の高騰が起こる。
③ 結局、スウェーデン経済に対する信頼性が維持できるかどうかにかかっている。
④ スウェーデン経済は５年以内に回復できる。
⑤ 事故は成長の力になるが、政府への信頼と支持が鍵になる。
⑥ 政府への信頼感は、政府の補償に関する取り組み方次第で決まる。
⑦ 当該地域の県と市に事故対策への財政援助が迅速に行なわれるかどうか。
⑧ 現行法に従うと、政府の財政支援は、初期に 60 億クローナ、将来も含めると 120 億クローナを見込むが、放射能除染費用をカバーできる額ではない。
⑨ 社会経済的な究極の解決は、スウェーデン政府とスウェーデン中央銀行が国民の信頼を得られるかどうかに行き着く。

最終的には国民の信頼
Source:www.msb.se

図 21　社会経済的問題への対策

2-中央政府として、被災者に対しどれだけ補償ができるかどうか

そして、事故は成長の力になりますが、それも政府への信頼と支持が鍵になるということです。これも、社会経済的問題の対策というか、教訓というか、原発事故が起こってしまったことに対してどうしたらいいかと言うときに、次に対するイノベーティブな発想法、革新的な発想の糧にしてしまう。スウェーデンは発想の豊かな国ですので、これを教訓として、次のステージに対してできるだけドライビングフォース（引っ張る力）として使う。そういう能力があると思います。

ただ、そういう事故を教訓として、次のエンジンとして、さらなる発展として使い切るかどうかというのは、政府への信頼と支持がなければ何も動きません。

では、政府への信頼感はどういうところで生まれてくるのかと言うと、政府が実際、今回の総合演習のような原子炉の事故が実際に起こったとき、被災者――何も住民だけではなくて、四つのグループの対象になった人々に対して、どれだけ中央政府として補償ができるかどうか、税金を使えるかどうか、税金の配分が納得できるかということです。

スウェーデンでは、税金の使い方に国民の目が厳しい国ですので、政府の税金の使い方にどこまで納得できるのかどうか。これがまた、政府への信頼と支持にかかわってくる問題になります。

そして当該地域、ここではオスカーシャムという南のほうの人口３万人くらいの市のＯＫＧ社の原子力発電所の事故ですが、そこにある市、県の事故対策への財政援助が迅速に行なわれるのかどうか。実際にそこから避難する場合の補償、いわゆる金銭的な援助、いろいろな意味での援

助が迅速にできるかどうかです――後から出しても間に合いません――。

それから現行法、今までの法律に従うと、政府の財政支援は事故が起こった最初の段階では60億クローネ（今、17円とすると1000億円くらい）、将来を含めるとその倍、2000億円くらいを見込みます。

3-究極の解決は政府と中央銀行が国民の信頼を得られるかどうか

ただ、放射能汚染に対して、除染費用とかもろもろの費用を考えると、どのくらいかかるのかというのは、まだスウェーデン政府もつかんでいません。また演習をするかもしれませんが、2011年のこの総合演習をもとにして、いろいろとシミュレーションをやるかもしれません。しかし、この予算でどれくらい除染費用をカバーできるのか。とても2000億円ではカバーできないだろうと今のところ予想されています。

除染費用をとてもカバーできないだろうということになると、社会経済的な究極の解決は、スウェーデン政府とスウェーデン中央銀行が国民の信頼を得られるかどうかに行き着きます。

どういうことかと言うと、結局、スウェーデン政府というのは国民の投票によって選ばれています。繰り返しますが、スウェーデンは85％～90％の投票率で国会議員が選ばれますので、その国会議員が決めるということは、国民の意思を代表していると思って差し支えないと思います。ある意味で総選挙は民主主義の原点です。

ですからそういう場合、スウェーデンの国民が国会議員を選ぶ前に、スウェーデンは比例代表制ですので、八つの政党がそれぞれの政策を出します。その政策に対して、この党だったらということで、国民は投票するわけです。そこで、その党が最大得票数を得れば、それが国民の意思になります。この辺の選挙の仕組みで、政府への信頼感が得られるかどうかにかかってきますが、後でも述べる原発への信頼感もそこから来ています。

◒四つのグループの優先順位をなぜクローズアップしたか

以上、四つのグループの優先順位をここでクローズアップしてきました。スウェーデン政府は、なぜそれをクローズアップしたか。これは当然、次につながる具体的な策を決めていくためです。具体的なお金の使い方を決めるため、具体的な法律をつくるためです。

図22（101ページ）では、今のように想定した原発事故、エクササイズを含めた結論としては、以下に述べています。

原発事故の影響について、最初に得られる結論は、時間のファクターが極めて大事です。まず、時間の経過とともに、問題の様相が変わってきますので、モタモタせずに10年後、20年後よりも、まず事故後1年以内に対策を取ることです。

残念ながら私たちは、福島の事故から3年経過してしまいました。今からでも遅くないので、事故後1年以内に取るべき対策は取らなければいけないのではないかと思います。

ですから、人というのは日常生活の中では、将来そんな遠い先まで考えません。10年後、20年後よりも、今のこと、明日のこと、明後日のことで、私たち市民は汲々として生きているというのが、人間として一番素直な姿ではないかと思います。

国としても、それを担当する人々にしても、まずそういうことを認識するということが大事です。これはスウェーデンでもあらゆる面で見えることです。人間というのはみんな同じです。事故も起こせば、またそれに対する対策も取らなければいけません。

これはすべてに通じることですが、スウェーデン社会を見ていると、そんなに問題を難しく考えない。複雑に考えません。法律も非常に簡単につくります。また、つくった法律をコロコロ変えます。

日本の法律は、一度つくると、改定はしても、基本はほとんど変えません。今、私たちの日常を取り巻いている刑法にしても民法にしても、いろいろな法律にしても、大体、明治時代にできたものが基本になっています。憲法はもちろんなかなかそれを変えません。

余談ですが、日本のスウェーデン大使館には駐在武官というのがいて「ミリタリー・アタッシェ」と言います。スウェーデンは国際平和維持活動（ＰＫＯ）に非常に熱心な国で、毎年、日本の自衛隊の人たち10人〜20人に海外派兵のための訓練をすることに協力しています。

そのミリタリー・アタッシェと話しているときに「日本は私たちの所で訓練した自衛隊の人た

ちを、もっとどんどん海外に使えないの」と、もちろん日本は、憲法でそれがなかなかできないことがわかっている、その彼の言葉からしてそうです。われわれからすれば、そう簡単なことではないということは百も承知ですが、「どうしてもっと憲法を早く変えないんだ。簡単なことじゃないか」と言うのです。これは一例ですが、複雑なことを簡単に考えるという彼らの発想法は、ある意味、非常に効率化につながるのではないかと思います。

◒環境汚染、健康、発病の不安に対してはオープンに情報提供を

汚染地域の人口移動などは、前段で述べたインフラを整備すればいいわけですから、解決のつく問題です。

長期にわたって続く問題は、環境汚染の問題、健康の問題、発病の不安などが長期にわたる問題です。それではそういう問題は、どうしたらいいのかをスウェーデンは今考え続けています。結論としては、いろんな所に出てきますが、正確な情報提供。ともかく情報提供が何よりも求められます。人々の不安は、情報を与えられることによって、ある程度収まるということです。

それから、食品のテストと分析を行なう専門家の確保が必須で、専門家の教育につながってきます。

スウェーデンはこういう問題に気がつくと、まず教育を取り上げます。そこで人材の養成を図

ります。それには大体10年から20年かけます。

さまざまな対策にかかる膨大なコストは、納税者の負担になります。納税者がそこで納得してくれるかどうか。そこで政府への信頼が鍵になってくるわけです。

図22で、特に最後に下線で書きましたが、政治家と行政への信頼、食品と環境への信頼、スウェー

まとめ

① 事故の影響について最初に得られる結論は、時間のファクターが極めて重大で、10年、20年後よりも、まず、事故後1年以内に対策を取ることである。

② 汚染地域の人口移動などは解決のつく問題である。

③ 長期にわたり続く問題は、環境汚染、健康問題、発病の不安である。

結　論

① 正確な情報提供がなによりも求められる。

② 食品のテストと分析を行なう専門家の確保が必須である。

③ 対策にかかる膨大なコストは、納税者の負担になる。そこで、政府への信頼が鍵になる。

④ <u>政治家と行政への信頼、食品と環境への信頼、スウェーデン経済への信頼がキーワードである。</u>

OKG オスカーシャム原発
Source:www.okg.se

図22　想定原発事故の結論

デン経済の信頼がキーワードになります。こういう信頼を得るには情報公開。ともかくオープンな社会であるということが前提になります。

3・11でも経験しましたが、東電のいろいろな問題隠し、政府のいろいろな問題隠し、行政当局のいろいろな問題隠しに見られるように、日本では、ともかく情報を隠すことによって、政府や政治家に対する信頼が損なわれています。現地に行くとよくわかります。現地の人には何も情報が入ってこない。これはいまだに続いている問題だと思います。

スウェーデンでは、改めて自分たちでも気がついていますし、信頼を確立するためには、ともかくオープンにするということです。オープンにして人々の知恵を集めるということ、これが原発事故の総合演習からのスウェーデンの結論です。

第4章

情報公開の原則と電力会社の危機管理

国が危機に見舞われたとき、スウェーデンではどのように対処するのか。

事故が起きてしまったとき、最も重要なことは市民への情報公開です。偶然、2011年の3・11より1ヵ月前に行なわれた大規模演習の結果、正確な情報を市民に伝えることが最も重要であることが指摘されました。福島の原発事故を経験した私たちにも納得できる結論ではないでしょうか。

本章では、一方で原発を稼働する発電会社自身はどのような危機管理体制を保持しているのか、情報公開の原則はどこまで守られているのか、具体的に見ていきたいと思います。

◒総合訓練を通じて得た教訓で一番大事なのは情報公開

はじめに第1章〜第3章で紹介したことを簡単に述べておきます。危機管理という場合、スウェーデンでまず思うのは、スウェーデンにはすべてにおいて安全神話はないということです。人間がやることには必ず過ちは付き物である、人間は過ちを犯すものであるという前提です。これがベースになっています。

そして危機管理ですが、危機にはもちろんいろいろな形の危機があります。ただ、それ全部を取り上げるわけにはいきませんので、私たちに一番深刻な、いろいろな面で危機とはどういうものかが身に染みてわかった原子力発電所の事故について、話を進めていきたいと思います。

2011年3月11日に、私たちは福島県の原発の爆発という事故を経験し、またそれに伴う放射能汚染という問題をいまだに抱えています。

そこで、スウェーデンがもし同じような原発の事故に襲われたら、どのように対処するのか、というのが話の筋になります。スウェーデンには10基原子炉がありますが、2007年の段階で、その中の一つが事故を起こしたという想定のシナリオをつくり、シナリオに基づいて、今度は2011年にスウェーデンのいろいろな階層の人を巻き込んだ総合訓練をしています。これは訓練というか演習で、問題をあぶり出すための実験です。これを、国を挙げて行ないました。

国を挙げて行なった結果、現れた問題は市民レベルの問題、県とか市の行政レベルの問題、経済的な問題、社会全体的な問題等々ですが、スウェーデンが一番、シナリオとそれに基づく総合訓練を通じて得た教訓は、あくまでも一番大事なのは情報公開ということです。

所詮、国というのは、市民＝住民の集まりです。住民が不安を持つのも、住民が安心するのも情報です。ですから、国としての対策は、いかにスムーズにこの情報を流せるか。しかも、同じレベルの情報を矛盾なく共有できるか。こっちではこう言い、あっちではああ言い、またけどこもそういう情報を出さないということではなくて、情報をできるだけ速やかに出す。それには、普段から社会のオープンさが必要ではないかなと思います。

発電会社自身がどういう対策を持っているか

1 原発を成り立たせるサプライヤーに重点を置く

1章から3章までは、以上のようなことをベースにして、ずっと紹介してきました。

これからは、実際に事故を起こす側の原子力発電会社の状況。今までは発電会社、原発を持っている会社が事故を起こした、ということで紹介してきましたが、今回は発電会社自身がどういう対策を持っているのか、それを紹介したいと思います。

原子力発電会社は、言うまでもなく、発電会社そのものがプラントをつくるわけではありません。出来上がったプラントを運転して、安全に電力を供給することが仕事であり、実際の発電所の発電装置やそれを格納するプラントや建屋の建設には、それぞれ専門業者がいます。発電装置は電機メーカー、プラントの建屋は建設会社というぐあいに、それぞれのサプライヤーに発注しなければなりません。

原子力発電会社はどこの国でも同じです。例えば、東京電力福島第一原子力発電所。何も東京電力が、原発をつくるわけではありません。それをつくるのは日立であり、ＩＨＩであり、東芝であり、そういういろいろな会社がつくるわけです。東電は、それに基づいて運転しているにすぎません。ですから、スウェーデンはサプライヤーに非常に注目して、まずそこに重点を置いています。

安全、危機管理の面でも、必然的にサプライヤー――いろいろな技術が結集されていますが、どんな会社が原子炉をつくっているのか、どんな会社がプラントの部品、パイプとか配線とか、排水とか、温度コントロールとかつくっているのか――の品質が要になってきます。

2-国際基準の「サプライヤーが守るべき基準」に則って契約

そこで、サプライヤーの品質を保証し、サプライヤーの品質を高めるために、スウェーデンでは「サプライヤーが守るべき基準」（The Code of Conduct for Suppliers）を設けています。これは、私も詳しくは知りませんが、もちろん東京電力と、東京電力のいろいろなプラント装置を収めるメーカーとは契約があると思いますが、ただその契約の内容を私たちは知りません。これがまず問題です。

どう問題かと言うと、スウェーデンでは契約の内容が全部オープンです。なぜかと言うと、「サプライヤーが守るべき基準」は、国連の取り決めでなされているからです。ここにスウェーデンの大きな特徴がありますが、スウェーデンではすべてにおいて、国連、国際協調をベースにしています。

日本の福祉担当の方も、医療担当の方も、教育担当の方も、スウェーデンの企業を調べる方も、なかなか気づきませんが、スウェーデンの行動基準の一番の規範は国連です。例えば、子どもの人権を守ろう、守るべきだという、「子どもの権利宣言」が１９５９年に国連で採択されました。

それから女性の地位も、当然、人権とか差別に対する問題とかも、世界が決めた、国連で決めた決議を自分の国に持ってきて、自分の国の法律にするというのが、スウェーデンの基本です。すべてにおいて国連、またはＥＵで決めたことが規範となります。

この、皆でいったん決めたことを守るということ、これがスウェーデンの基本にあるということに注目してください。私たちはスウェーデンの基本的な態度の全部を知っているわけではありませんが、これはスウェーデンの基本中の基本の態度です。

3 - モラル問題を規範化した社会システムで電力会社が動いている

スウェーデンの原子力発電所、電力会社が一番ベースにしている規範は国連で決めていることです。これが、東京電力なり関西電力なり、日本の9電力が、そういう規範に則っているかと言うと、私の知っている限り、そのヒントは全然ありません。

ところがスウェーデンでは、電力会社とそのサプライヤーが守らなければならない国連世界協定があります。それは「国連グローバル・コンパクト」(The United Nation Global Compact) という企業行動原則で、国連が世界をつくる上で一番基本にしている協定です。電力会社とそのサプライヤーの関係もこの企業行動原則に準じていて、「この協定を絶対に守らなければ、あなたたちの納入するものは買いません」と電力会社は言っています。

具体的に言うと、一つは人権尊重。すなわち労働組合を結成し、使用者と対等な立場で労働条件を交渉する権利を認めるような会社でなければ、サプライヤーの資格はありません。団体交渉の自由、不当労働の禁止(若年労働者を使ってはいけない等々)、労働協約(賃金とか、労働時間とか、休暇とかの労働条件)の全部の法律に従うことをサプライヤーが守るべき基準として強制しています。

それから環境保護。すなわち「環境法典」など、すべての環境保護に関する法律、規制を順守しなければならず、常に環境破壊のリスクを考慮して活動しなければなりません。

それから清潔な経営。すなわち汚職とか横領とか恐喝などがあってはならず、そういうサプライヤーとは取引をしません。また、もし取引をしていることがわかった場合は、法律でどちらも罰せられます。

ですから、下請けの孫請けで事故を起こした電力会社がいいとか悪いとかではなくて、スウェーデンではまずこういうモラルの問題をきちんと社会システム化しているところに注目し、その辺の社会システムで電力会社が動いているということを、私たちは認識すべきだと思います。

私どもは、「スウェーデンに学ぶ日本の再構築」というテーマで2年間にわたって、いろいろなテーマを取り上げてきていますが、こういう社会システムこそスウェーデンに学ぶところにその原点があるのではないかなと、私自身思います。２０１１年3月11日の原発事故の後、私たちにより良い社会をつくり上げようという意思があるとしたら、こういうところをこそスウェーデンからくみ取りたいと思います。

なぜ日本も批准した世界協定を実社会に持ち込めないのか

繰り返しになりますが、福島の原発事故の後、私たちには何となく、東電＝悪、被害者＝善というような図式が出来上がっていますが、東電を悪と決め付ける前に、東電とそのサプライヤーの間で、サプライヤーに労働組合がなければ納入するものを買わないとか、労働者の人権を尊重するようなサプライヤーでなければ派遣社員を雇わないなどという取り決めがあったかどうかと言えば、なかったと思います。こういう基本的なものの考え方が危機管理の、ひいては原発を安全に運転していく上での大きなファクターになっているのではないかということを、所詮人間ですから、改めてここで強調しておきたいと思います。

原子力発電所の事故対策。これはバルブをどうするとか、ベントを設けるとか、フィルターをどうするとか、そういう技術的な問題も当然ありますが、その前に、それを運営しているのは人

まとめ

原子力発電会社は、出来上がったプラントを運転して、安全に電力を供給することが仕事であり、発電装置はメーカーに、プラント建屋は建設会社などのサプライヤーに発注しなければならない。

そこで、安全、危機管理には、サプライヤーの品質が要になる。The Code of Conduct for Suppliers がその基準になり、次の要求を満たさなければならない。

＋国連世界協定（the UN Global Compact）を守ること。
＋人権の尊重、すなわち労働組合の結成の自由、団体交渉の自由、強制労働の禁止、あらゆる差別の禁止、賃金・労働時間・休暇などすべての労働条件は法律に従うこと。
＋環境保護、すなわち環境法典などすべての環境保護に関する法律、規制を遵守しなければならず、つねに環境破壊のリスクを考慮して活動しなければならない。
＋清潔な経営、すなわち汚職、横領、恐喝などがあってはならない。

バッテンフォール　フォースマルク原発
Source : www.vattenfall.com

図 23　原子力発電会社の事故対策

間であり、ただ基本は、そこで働いている労働者とそれを使う経営者、それからサプライヤーとその下のサブサプライヤーもいるような人間関係をどのように規定するか、という問題だと思います。これは国連がつくっている世界協定で、日本も批准していますが、どうして私たちはそれを実社会の中に持ち込めないのか、というのが私の素朴な疑問です（**図23**）。

原子力発電会社の事故対策として、以上のような点を最初に取り上げておきたいと思います。

◒スウェーデンの原発の状況

1- 原発に依存しているスウェーデン

この原子力発電所が、どのような事故対策をとっているかということを述べる前に、まずスウェーデンの原発の状況を簡単に説明しておきましょう。

図24（次ページ）は、スウェーデンのエネルギー構造です。電力で言うと、電源は水力が47％、原子力が42％、火力が10％、風力を含む再生可能エネルギーとして1％という構成になります。これは２００８年の統計ですが、今でもこの割合は変わっていません。原子力が42％でスウェーデンは非常に原発に依存している国だということがわかります。

スウェーデンには３ヵ所に10基の原発があります。フォースマルクと，リングハルスと、オスカーシャムという所です。昔、バルスベックという所がありましたが、対岸がデンマークで、デンマークは原発がないから、原発の稼働はやめてくれということで、シャットダウンしました。ですから今は、上記の3ヵ所に原発があります。ストックホルム市近郊の都市型地下式の原子炉だったオーゲスタもクローズしています。

3ヵ所の原発のうち、オスカーシャムにはOKGという、一言で言うと民間企業が3基の原子炉を持っています。あとの7基の原子炉のうち、デンマークに近いリングハルスが4基、フォースマルクに3基あり、バッテンフォールという国営企業が持っています。

スウェーデンは全部、PWR（加圧水型原子炉）とBWR（沸騰水型原子炉）ですが、1基を除いて全部自前です。自分の所で設計して、自分の所でアセア・アトム社という企業が建てました。今、アセア・ブ

まとめ

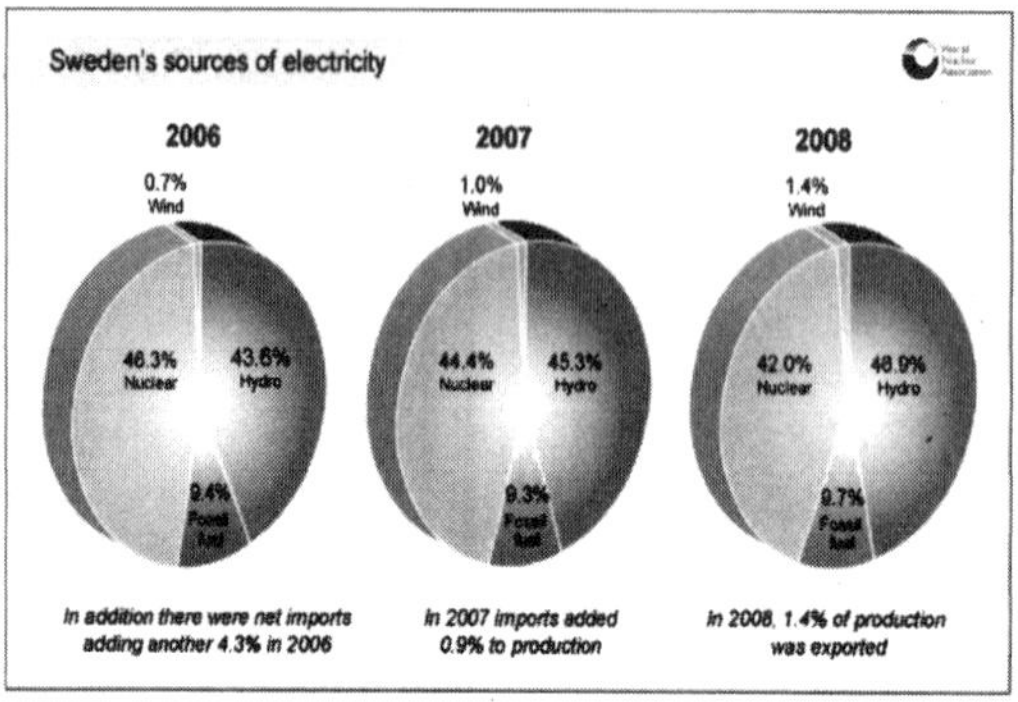

水力：　47　%

原子力：42　%

火力：　10　%

風力：　 1　%

Source：：World Nuclear Association

図24　スウェーデンの電力供給

まとめ

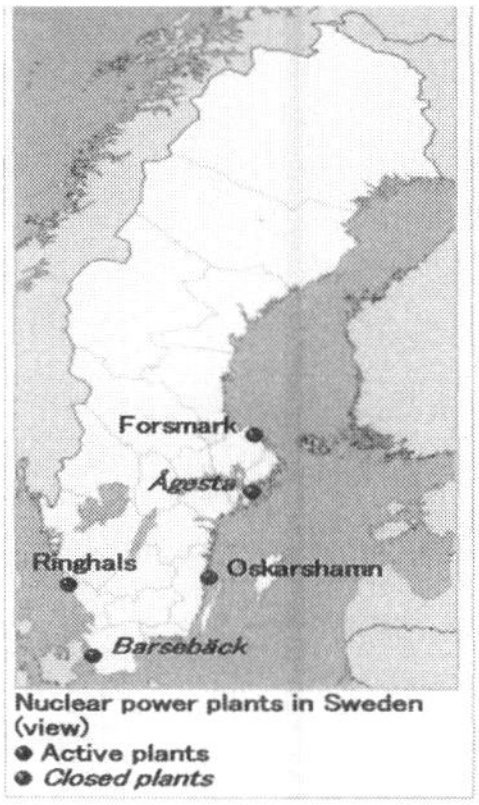

Sweden's nuclear power reactors

Reactor	Operator[b]	Type	MWe net	Commercial operation
Oskarshamn 1	OKG	BWR	467	1972
Oskarshamn 2	OKG	BWR	605	1974
Oskarshamn 3	OKG	BWR	1450	1985
Ringhals 1	Vattenfall	BWR	859	1976
Ringhals 2	Vattenfall	PWR	866	1975
Ringhals 3	Vattenfall	PWR	1045	1981
Ringhals 4	Vattenfall	PWR	950	1983
Forsmark 1	Vattenfall	BWR	987	1980
Forsmark 2	Vattenfall	BWR	1000	1981
Forsmark 3	Vattenfall	BWR	1170	1985
Total (10)			9399	

Source : Wikipedia　　Source : World Nuclear Association

図 25　スウェーデンの原子力発電所

ラウン・ボベリ、ABBというヨーロッパを代表する重電メーカーになっています。

１９７２年につくられたオスカーシャムの原発は、老朽化しているので立て替えられることになっていますが、老朽化している原発をどういうふうに建て替えていくかという問題になっていますので、ここで触れるのはよしましょう（**図25**）。（編集部註：１９７２年に運転を開始した1号機は２０１７年に運転終了の予定。１９７４年に運転を開始した同2号機は２０１５年に閉鎖された。）

ここで改めて頭に入れてお

きたいのは、3章にわたって原子力の事故が起こったときのスウェーデンの危機対策例を挙げたのがオスカーシャムです。ここの原発が事故を起こしたという想定で総合訓練までしました。

スウェーデンの電力会社は二つのグループに分けられ、OKGという民間企業と、残りはバッテンフォールという国営企業で、100％政府が株を持っている電力会社です。両方の企業の危機管理をこれから説明します。

2- 電力自由化の背景にスマートグリッドのシステム

それと日本でも議論が起こっていますが、スウェーデンでは、発電と送電をはっきり分けています。ですから、OKGにしろバッテンフォールにしろ、原発を持っている発電会社は電力を起こして電力を売るだけです。

送電は別の国営のグリッドという企業が、最初の段階での大規模な50万ボルトとか30万ボルトとかいう高圧の送電を担い、その後は民営になります。

そのように、大規模な送電会社から電力を買って、いろいろな段階に分かれ、末端になると電力の小売をする会社が200社くらいあります。

ですから消費者とすれば、工場も一般市民も含めて、自分はどの電力会社から電力を買うか、どこにいても選ぶことができます。また、この発電会社は、例えば自然エネルギーだけ、風力発電だけのエネルギーを売っているという会社もありますし、それをミックスして売っている会社もあります。選ぶのは消費者次第ということで、そういう点での電力業界は多様化しています。

これは電力の自由化にまつわる問題で、いずれ日本でもそうなるとは思いますが、ようやく日本でもスマートグリッドという議論が始まりました。各家庭のメーターが、今のような読み取り式のものではなくて、すべてオンラインで、電力の消費なり、何の電力がどういう形で使われているかを、瞬時にわかるようなシステムであるスマートグリッドをスウェーデンは採っています。そういうことが電力自由化の背景にあります。

3-90％近くの投票率で選ばれた政党の政府だから信頼感がある

次に原発に対するスウェーデンの住民意識について述べます。スウェーデンは、一言で言うと、原発に対して非常に信頼を置いています。話せば長くなってしまいますが、ともかく信頼を置いています。言い換えると、スウェーデンの国民は、政府の決めることに対して非常に信頼を置いている国と言えます。これが私たち日本と違う点です。

なぜ信頼を置いているかと言うと、国会が国の基本的なところを決める場所です。8割から9割は税金の使い方を決める所です。税金の使い方を決めるのは国会議員です。国会議員は国民が選びます。もちろん、私たちと同様に選挙を通じて選びます。

しかし、私たちと決定的に違う点は、スウェーデンは世界でもトップの投票率の高い国ということです。90％近くの投票率です。ということは、国会議員は国民の90％によって選ばれている。

まとめ

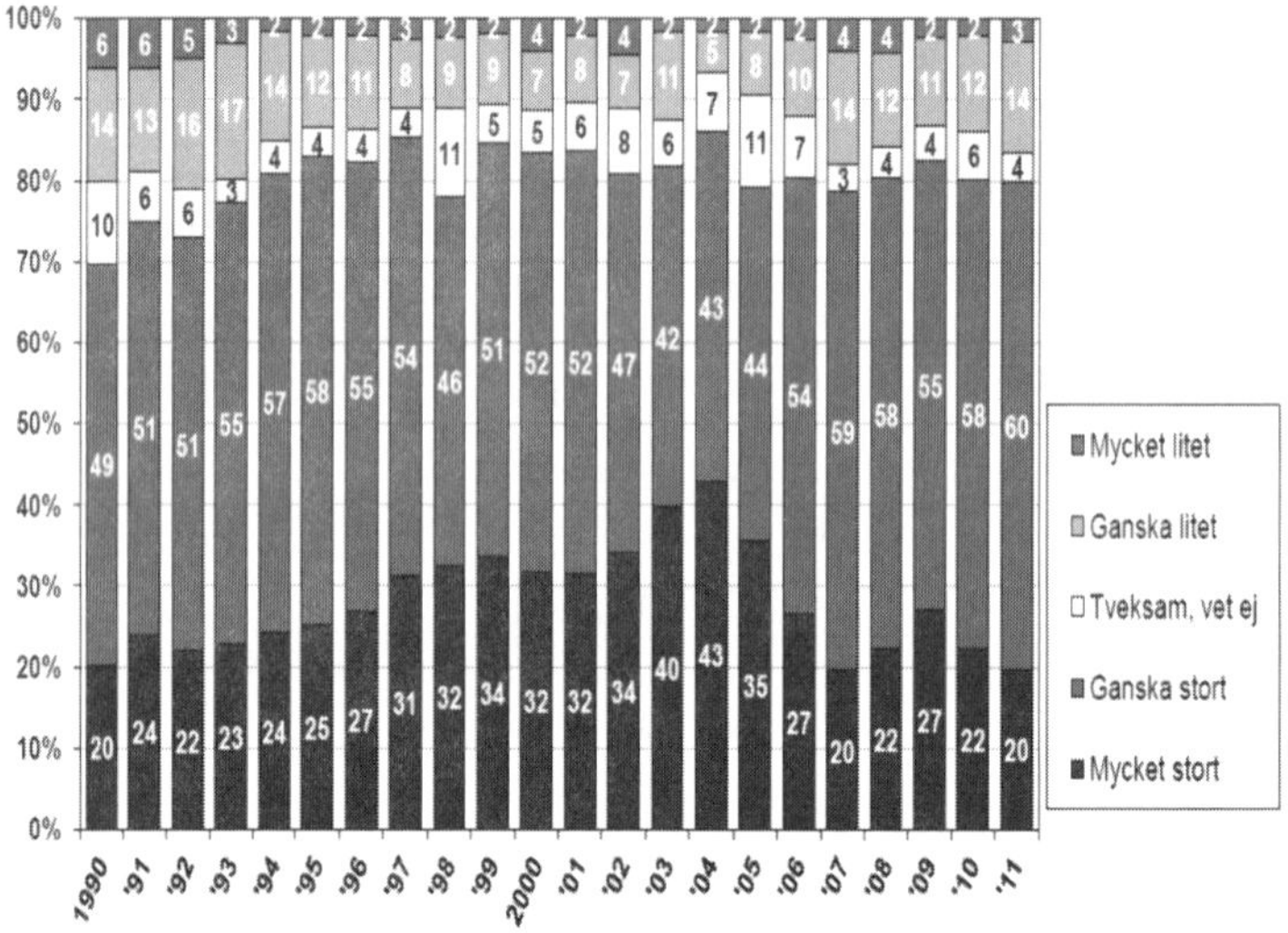

3	%	:	絶対反対
14	%	:	まあ反対
4	%	:	躊躇
60	%	:	まあ賛成
20	%	:	大賛成

Source : Vattenfall

図 26　フォースマルク原発に対する住民意識 (1990 年～ 2011 年)

国民からすれば、政権党というのは自分たちが選んだ、もちろん違った意見の議員もいるでしょうが、国民から選ばれた人たちがつくっている法律、方針、政策であるということになります。選挙のときには必ず公約というのがあります。スウェーデンは比例代表制ですので、政党が国民に公約したことに基づいて、国民は投票所に行って投票します。その結果で選ばれた政党が運営する政府なので、そこでの信頼感があるということです。まず、それが前提にあります。

4 - 政治への信頼度が政府の原子力政策を支持する強い要因に

ですから、原発の問題もそうです。自分たちが代表として送り込んだ人たちがつくった政府がこの原発を進めている（進めていると言うと語弊がありますが、イエスかノーかで言えば、進めている側と言わざるを得ません）。

そういうときでも、スウェーデンの住民は自分たちが選んだことなんだからということで、原発に対する態度は、福島の3・11の後の世論調査でも、スウェーデンはまったく住民意識は変わっていません。福島の原発は福島の原発。もちろん、そこから得られる教訓は取り入れていますが、基本的にスウェーデンが原発をやめようというような結論は一度も出していません（図26）。

これは時々、日本の皆さんが間違えるところですが、スウェーデンは1980年に原発の賛否を巡って住民投票をしました。このときも日本のマスコミのカラーは、スウェーデンは脱原発に向かったという論調でしたが、実際の数字では、本当はそうではなかった。いろいろな政治的な思惑があって、結果的にはそう見えたかもわかりませんが、スウェーデンの6割の人々は、そのときも原発をサポートしていました。

そういうことがあって、政府の決めたことに対して信頼が厚いというのが、まず基本にあります。

◒国営企業バッテンフォールの危機管理

1‐電力全体の30％はバッテンフォールが負っている

話を戻しましょう。国営電力会社で、七つの原子炉を持っているバッテンフォールの電力会社の危機管理は、まずそこのサプライヤーとの関係から始まり、サプライヤーが人権なり労働規約なりをきっちり守っている所でないと、サプライヤーとして存続できないということが前提にあると述べました。

図27にもありますが、まずバッテンフォールという国営電力会社は、1992年に設立されました。スウェーデンはそれまで民間の電力会社が多く、それを国営に統一しました。発電して電気と熱とガスを供給するだけです。熱供給というのは、私たちになじみが薄いのですが、スウェーデンは非常に寒い国だから、地域ごとにエネルギーセンターがあって、そこから温水を各家庭にパイプで送っています。地域ごとの集中暖房が彼らの暖房です。それからガス供給。ここで気が

つくのは、送電と発電はわかれて、彼らは送電は受け持たないということです。

ヨーロッパにはグリッドというのがあり、お互いに送電線でネットワークをつくって、お互いに電気を送ったり、送られたりして、売り買いしています。

バッテンフォールの特徴は、本国のスウェーデンだけではなく、ドイツ、オランダなどのEU

まとめ

1992 年設立のスウェーデン国営会社で発電、熱供給、ガス供給を事業の３本柱にする。

スウェーデン、ドイツ、オランダが３大市場である。

原子力発電所は、フォースマルクに３基、リングハルスに４基の原子炉を持ち、スウェーデン電力の 30%をまかなう。

従業員は 36,000 人で 24%が女性である。

15 人の取締役のうち、29%が女性である。

15 人の取締役のうち、６人は労働組合代表である。

安全・危機管理体制として、次の２点が中心である。

① **The Code of Conduct for Suppliers**（前述）

＋人権、差別の撤廃、労働環境、環境保護、腐敗の防止など企業のモラルを重視する。

② **安全・危機管理委員会**

＋安全・危機管理に関して取締役会にレポートする。

＋潜在的リスクの調査と発掘を行なう。

＋原発作業員と原発安全管理官から３ヵ月毎に報告を受ける。

バッテンフォール のスマートグリッド
Source:www.vattenfall.com

図 27　バッテンフォール電力会社の危機管理

諸国を大きなマーケットにしています。

バッテンフォールは、原子力発電所をフォースマルクに3基、リングハルスに4基、計7基持っています。スウェーデンの電力の約半分が原子力由来のものと先述しましたが、電力全体の30％はバッテンフォールが負っているということです。

2-女性管理職、労組代表加入の組織が危機管理に果たす役割

ここから先は非常に特徴的なことですが、どこの社会でも、どの組織でも、スウェーデンは女性の進出が非常に多いです。最初に述べたようにスウェーデンの危機管理を一括して扱うのは、スウェーデンの危機管理庁がまとめて行なっていますが、現在そこの長官、トップは女性です。スウェーデンの国防大臣も女性です。

電力会社のバッテンフォールの従業員は3万6000人いますが、そのうちの24％、約4・2人に1人は女性です。取締役はどこの会社にもいますが、15人いる取締役のうちの29％、約3・4人に1人が女性です。

これもスウェーデンの企業の特徴ですが、15人の取締役のうち6人は労働組合の代表です。どこでも、労働組合の代表を入れなければ、スウェーデンの組織は認められません。大学でもそうです。スウェーデンには52の大学があります。その中で17は博士課程を持った総合大学です。その中でも、大学の運営には必ず学生の代表を入れなければならない、という法律があります。

ですから危機管理と言うと、いざ事故が起こって、どうしよう、こうしようという問題も当然危機管理ですが、その大もとになる基盤に、例えば組織自体に女性労働者の目が常に光っていれば、別の意味での危機管理になるのではないかと思います。

言葉を換えて言えば、女性の目は細やかだから、将来を見通した、いわゆる持続可能な社会をつくるために、次の世代にできるだけ問題を先送りしないで、避けられる危険は早く避けようという視点を付与してくれるのではないか。そういうことが、別の意味での危機管理になるのではないか、と思うわけです。

ですから、そう言うと東電には不公平になるかもしれませんが、今度の福島の原発事故の原因のファクターとして、東電の体質、旧弊体質とか、産学官のもたれ合いとか、馴れ合いとか、よく言われますが、そういうことで済ませてしまうよりも、これをきっかけにして、東電の社内に女性の目が少ない、東電の取締役、重役に何人女性がいるのか、と言ったようなところにも、私たちはもっと注目すべきではないかと思います。

日本では、これから新しい発送電分離にするかもしれません。今、九つの電力会社が北海道から九州までありますが、そういうところにもっと女性の能力を活用するようにすれば、安倍内閣の掛け声とは別の意味で、女性が持っているチェック機能がひいては危機管理に役立つのではないかと思わざるを得ません。

3 - 情報の流れのパイプを太くするバッテンフォールの危機管理

繰り返しになりますが、危機管理体制として、国営のバッテンフォール電力会社は、次のサプライヤーが守るべき規則、ルール、コード、すなわち人権とか差別の撤廃、労働環境、環境保護、腐敗の防止など、企業に関するモラルを重視しています。これを守らなければ、サプライヤーとしては成り立ちません。バッテンフォールは、そういう所からモノを買いません。また、そういうことをチェックする機能があり、例えばオンブズマンを通じてとかいろいろな形での監視機能があるので、守っていないことがわかった時点でサプライヤーとしては存続できない体制になっています。

それから、バッテンフォールには、これは東電でも関西電力でもあると思いますが、「安全・危機管理委員会」というのがあります。安全・危機管理に関して取締役会にレポートする体制ができています。

ただ、ここでもやはり情報管理の機能が問われます。上に都合の悪いレポートでも、都合の悪い情報でも、上に持ち上げて、上がそれをすべてキャッチできる風通しのいいシステムになっているかどうか。別の意味で言うと、情報管理の一番ベースである情報が流れているかどうかが問題です。情報というのは流れて初めて情報であって、とどまっていたら情報ではありません。とどまると秘密になるからです。秘密を情報に変えるには、流れるパイプをつくることが必要です。安全・危機管理委員会が一番重点を置いているのは、情報の流れのパイプを太くすることですが、バッテンフォールではいまだにこれが続いています。

前章で述べた、事故を想定したシナリオに基づいた演習、エクササイズで、一番スウェーデン政府が改めて認識したのは、まだまだ情報の流れが十分ではないということです。ですからこの点は、そのためのエクササイズですから、もっともっとスウェーデンとしては改善していくことでしょう。

バッテンフォールの危機管理は以上にしておきましょう。

◐民間会社OKGの危機管理

1-スウェーデンの全電力の10%を供給

スウェーデンではバッテンフォールがそうであるように、OKGという電力会社も似たような仕組みを持っています。

バッテンフォールが国営企業であるとすれば、OKGは民間会社です。民間会社には株主がいます。OKGには4社か5社株主がいます。こちらの危機管理はどうなっているか、特に特徴的なところだけ述べます**(図28・次ページ)**。

その前に、原子力発電会社OKGは1965年の創業で、バッテンフォールより古いです。と言うより、バッテンフォールがいろいろな民間企業が集まって国営化される前から、民間企業の

まとめ

1965 年設立、民間企業。従業員　850 人

オスカーシャム 1 号機 (1972 年スウェーデン最初の原子炉)、2 号機、3 号機を運転

スウェーデン全電力の 10%を供給

危機管理と安全対策

＋毎年各原子炉を 3 週間から 6 週間停止して安全検査を行なうと同時に、20%核燃料棒を入れ替える。

＋すべての情報を監督機関に提供する。

＋スウェーデンのすべての原子炉は、事故が起きたら事故が緩やかに進行するように設計されている。

＋「30 分ルール」と言う決まりで、作業員が動き出すまでに、30 分の猶予を設けている。

＋ Swedish Nuclear Training and Safety Center で非常事態の訓練を常時シミュレーターを使って行なう。

＋原子炉の安全性は、多重のバリアーで防護され、一つが故障したら次のバリアーが働く。

＋火災、地震、雷、テロなど原発外部の攻撃に対して、技術的、人的要因を考慮して運転がなされるように設計している。

OKG には三つの原子炉がある
Source : www.okg.com

図 28　OKG 原子力発電所の危機管理

シードクラフト社がもとになってできた会社なのでもっと古いです。従業員は８５０人。バッテンフォールが３万６０００人だから、そういう点では小さい会社です。

ＯＫＧではオスカーシャムに三つの原子炉があります。スウェーデンで最初に商業用原子炉として動いたのはＯＫＧのオスカーシャム１号機です。１９７２年ですから、もうかなりご老体で、

そろそろこれを取り換える時期に来ていますが（113ページの編集部註参照）、この電力会社は、スウェーデンの全電力の10％を供給しています。

2-原子炉は事故が緩やかに進行するように設計されている

その危機管理と安全対策はどうなっているのでしょうか。毎年、原子炉を3週間から6週間停止して安全検査を行なうと同時に、核の燃料棒を20％入れ替えています。これはどこの電力会社でもやっていることですが、3週間から6週間、完全に停止しているとき注目しなければいけないのは、スウェーデンの原子炉の高い稼働率です。大体、いったん運転すると90％は休みません。

ところが、余談になりますが、最近スウェーデンの原子炉も、専門家に聞きますと問題が起こりつつあります。それは原子炉の問題ではなくて、そこで働く人員の問題です。原子力発電所で働くスタッフの希望者が少なくなってきて、今人手不足に陥りつつあります。これは確かに由々しき問題です。

大体、すべての問題は、人間の問題に帰せられます。特に、このように毎年、定期検査をやる原発の危機管理には避けては通れない現実でしょう。

私も昨年、原発の取材に、たまたまオスカーシャムのＯＫＧの原発に行こうと思ったのですが、ちょうど定期検査中で駄目と言われて、ここには行けませんでした。その代わり、北のフォースマルクの原発に行きました（このときの取材については、次章で詳述します）。

そして定期検査の結果など、すべての情報が出てくると、その情報をありのまま監督機関に提供します。自分の所で隠し持っていたりせずに全部、環境機関に提供します。スウェーデンの特徴ですが、そのことはすべて法律で決められています。もしも、それを隠していることがわかると罰せられます。すべての情報を日本の原子力安全規制委員会のような監督機関に提供しなければいけません。

スウェーデンのすべての原子炉は、設計の段階から事故が起きたら、事故が緩やかに進行するように組み込まれています。これがいわゆるセフティです。私は原子力の技術者ではないので、どういうことなのか詳しく触れることはできませんが、これは自分たちが設計してつくった原子炉であることの強みかと思います。日本の原発は全部、アメリカから買ってきた技術ですが、スウェーデンは自分たちで設計図を書いてつくり上げていますので、そういうふうに設計されています。

だから、事故が起こらないとは絶対に言えませんが、できる限り事故が起こる可能性が低いように、事故が緩やかに進行するように設計されています。これは、現実的な問題では不可能でしょうが、日本なども、もしこれから原子炉を入れ替えるとしたら、スウェーデン製の原子炉などを輸入すれば、その辺はちょっと状況が違うのではないかと、夢みたいに思うことがあります。

3-再稼働に向けて設計の問題に踏み込んだ記事が全然ない日本

それに関連することですが、「30分ルール」という決まりがあり、事故が起こったとき、作業員が気づいて動き出すまでに30分の猶予を設けている。いきなりガスが漏れ出したり、いきなり爆発するのではなくて、事故が緩やかに進行するというのはこういうことです。事故のブザーが鳴ったら30分間だけ猶予があって、30分の間にできるだけ対処ができる。これは設計の問題です。原子炉の中にそういう設計思想を組み込んでいます。

日本は、自動車とか家電とかの技術には非常に長けています。まさに品質を盛り込むなどというのは、トヨタの生産システムの一番の原点ですが、原発の中には自前の技術でないということで、そういう工夫を盛り込めなかったのでしょう――そんなことを感じさせるスウェーデンの危機管理のあり方です。

それから、日本でもやっている非常事態の訓練を、作業員なりスタッフが常時シミュレーターを使ってやっています。

ただ、面白いのは、日本の東海村などに収めている原子炉保安員、また原子炉運転員用のシミュレーターは、何基かはスウェーデン製です。スタズビックという会社が原子炉のシミュレーターをつくっていて、日本にも納入しています。

それから、多重のバリアーで防護され、一つが故障したら次のバリアーが働き、全部がぶっ飛ぶことはない原子炉の安全性は、スウェーデンのすべての原子炉は事故が起きたら事故が緩やかに進行するように設計されているという、もう一つの具体例です。

また火災とか地震とか雷とかテロなど、原発が外部の攻撃に対して技術的・人的要因を考慮して運転がされるように設計されています。それもこれも全部、設計の問題です。

これから日本の原発が再稼働するというとき（2013年現在）、今は安全審査、アセスメント——地震、活断層の問題など外部要因が電力会社などもそうですが、私たちの中ではよく取り沙汰されています。ところが再稼働をどうするかの記事は、毎日、新聞に出ていますが、この設計の問題に踏み込んだ記事が全然ないということは、どこか大きな欠点があるのではないか、再稼働に向けて大きな問題があるのではないかと、考えざるを得ません。

他人事ではない、当事者である私たちは、そういうところから、「原発の設計はどうなの？」「誰が設計したの？」「今どうなの？」というような視点で問題を投げ掛けることが必要なのではないでしょうか。

◒使用済み核燃料貯蔵施設の危機管理

今までは原子力発電所がどのような危機管理対策を持っているか、という話をしましたが、もう一つ原発に伴う問題で大きな問題は、原発で使うウラン燃料の、燃料としての役割が終わった後、いわゆる使用済み核燃料の処理の方法です。これも危機管理という観点から見れば、絶対看過できない、見逃すことのできない問題です。こういうことに対して、スウェーデンはどういう取り組みをしているかを第5章に当たる体験ルポで詳述しますが、ここではそうした取り組みを簡単に紹介したいと思います。

先述したとおりスウェーデンには10基の原子炉があり、今も、スウェーデンの電力の42％〜46％は原発で賄っています。核燃料は消耗品なので、役目を終えれば使用済みになります。そこから当然、毎秒、毎分、毎時、毎日、毎月、毎年、使用済み核燃料が出ます。ところが使用済みと言っても、まだ熱を持っていますし、放射能を持っています。これは私たちも福島の原発事故で散々経験しています。

1-高レベルの使用済み核燃料の一時貯蔵所Ｃｌａｂ

それでは、そういう燃料をどうするかということですが、スウェーデンでは使用済み核燃料に対して一時貯蔵所を持っています。**図29（次ページ）**は、今回のシナリオと想定演習のもとになった南のオスカーシャム原発のある同じ場所にスウェーデンの核燃料管理会社ＳＫＢがあり、そこが運営しています。この施設の名前を「Ｃｌａｂ」と言っています。

このＣｌａｂで、今現在出てきている、それから今まで出てきた使用済み核燃料を全部貯蔵しています。貯蔵しているのは、高レベルの使用済み核燃料です。Ｃｌａｂの全景とプールが写っていますが、使用済み核燃料の処理には水がなければやっていけません。

水というのは面白くて、すべての放射線を水はシャットアウトできます。放射線にはアルファ線、ベータ線、ガンマ線と3種類あります。一番弱いのはアルファ線、一番強いのはガンマ線ですが、何メートルか水のプールがあれば、放射能は通しません。だから世界中の原発は、水で核燃料を遮蔽しています。それをプールと言っています。

ここのプール自体は、水深13メートルから15メートルくらいのプールですが、この中に使用済

まとめ

使用済み核燃料は、最終処分場が完成するまで貯蔵

９ヵ月は原発建屋内に貯蔵 (放射能は 90 %減少)

m/s Signy 船で Clab に輸送

30 年間 Clab に貯蔵

　この間に放射能の最初の１%に減少

地下 30 mにある水槽に貯蔵

　燃料は３－８mの水で包囲

　水槽温度は 35 ℃

　地震対策で、岩盤とプールの間に

　スライドベアリングを設置し振動を吸収

　(2004 年の時点)

オスカーシャム原発に隣接する Clab(上) と地下水槽　　Source : SKB

図 29　使用済み核燃料中央貯蔵施設 (Clab)

みの核燃料を入れています。

このＣｌａｂはどういう役割を負っているかと言うと、最終処分場が完成するまでの仮置き場です。最終処分場は別の場所で認可待ちの状態です。

この間、都知事選（２０１４年）が終わりました。都知事選で小泉純一郎さんと細川護煕さんが連携しました。小泉さんは、それまでは原発賛成でしたが、原発反対に回ったそのきっかけになったのは「フィンランドのオルキルオトという所のオンカロという使用済み核燃料の貯蔵施設を見て、それで俺は、これがなければ原発なんてあってはいけないという気持ちになった」と言って、突然ライオンのごとくカムバックしました。細川さんと手を結んで、「原発反対」を掲げて都知事選を戦いました。結果は桝添要一さんが当選し、細川さんは都知事にはなれませんでした。

フィンランドにあるオンカロは、実際にスタートしています。スウェーデンも同じような施設をつくろうとしていますが、まだスウェーデンは認可していません。認可していないから、それまではプールに貯めておかなければいけません。

ただ、スウェーデンに10基ある原発には今、使用済み核燃料はそれぞれの原子炉建屋内のプールに9ヵ月は貯蔵しています。そこでおよそ90％の放射能は減少してしまいます。なぜかと言えば、放射能にはそれぞれ固有のある時間、例えば1年経つと原子の数が半分になり、次の年また半分になる「半減期」という寿命があります。一番長いので10万年かかり、一番短いので数秒の半減期のものもあります。

いずれにしても、**図29（前々ページ）**のように各原発から出る使用済み核燃料を30年間Ｃｌａｂに貯蔵します。その間には、一応スウェーデンでは２０１９年に、フィンランドのオンカロと同じような永久貯蔵施設がフォースマルクでスタートする予定です。30年間Ｃｌａｂに貯めている間に放射能は、最初に原発で燃やした後の１％に減少すると言われています。

この下の地下30メートルにプールがあります。使用済み核燃料は、３メートルから８メートルの水槽に貯蔵しています。先ほども述べたように、水こそ、この放射能を遮蔽する一番いい物質です。もちろん、レントゲン室では鉛で遮蔽することもありますが、ここでは水が一番いいです。この水槽の温度は35℃です。私もここに行きましたが、見ての通り静かなプールです。

2‐使用済み核燃料を貯蔵するプールに耐震装置

そして、ここにスウェーデンの危機管理のエッセンスがあると思うのですが、それは次のようなことからもかいま見ることが出来ます。日本は地震国で、イタリアも地震国、中国もそうです。世界中の地震国にはいろいろな国がありますが、そういう国々との関連で見ると、スウェーデンは地震のない国です。もちろん、地震学から言えばまったくないという所はあり得ませんので、そういう意味で地震ゼロとは言えませんが、私たちの標準からすると、スウェーデンは地震のない国です。

ところが、その地震のない国がこのプールの下に地震を想定して耐震装置を付けています。プールの下は岩盤ですが、地震対策で、その間に耐震装置があります。今東京でも、新しくいろいろな近代的なビルが建っています。そこには免震装置とか耐震装置とか、地震の揺れを吸収する装置が備わるようになりました。それと同じものを、スウェーデンは２００４年の段階で設置しています。

２００４年と言うと、福島の原発事故が２０１１年ですから、その７年前です。それも「福島の事故があったから怖い」と言って設置したものではなく、それより７年前に、こういうプールの下にベアリングを敷いて耐震設計をしています。これこそ危機管理の一つの大きなあり方ではないかと思います。

当然、お金はかかりますが税金です。税金と言っても、実際にお金を払っているのはＯＫＧという民間会社が建てた工事資金の一部ですので間接的な税金です。核燃料を処理するためのお金は、電気を使う国民が全部、電力料で負担しているという意味で、税金という表現を使っています。いずれにしても地震のない国が、そのような危機管理をしている。

地震がない国が、どうしてそこまでするかと言うと、危機管理で最初に述べたように、人間の社会には絶対ということがない、人間がやっている限り必ず過ちは起こる。そして、スウェーデンでも地震がないとは言い切れない。確かに、マグニチュードで言えば、私たちには感じないような地震がスウェーデンでも起こっています。

それからまた、地球には６万年ごとに氷河期が来ると言われています。そのような、人知を超えた、私たちが生きている間に経験することがないようなことが、いずれまた起こるかもしれない。これこそ危機管理の考え方です。

「そこまでやる必要はないのではないか」というのは、どちらかと言うと、それは危機管理ではないです。「そこまでやる必要があるのではないか」と考えるのが、スウェーデン人の危機管理の考え方です。それがベースにあり、それにお金を使う。こういう危機管理のあり方がいいか悪いか、皆さんの判断に任せますが、これがスウェーデンの危機管理だという、一つの象徴として、あえて強調しておきたいと思います。

3- 使用済み核燃料の最終処分場を日本の私たちはどうするのか

先述したように、このＣｌａｂでは、今ある原発から出てくるものとこれから出る使用済み核燃料の貯蔵施設として、30年間はここで貯蔵します。スウェーデンには３ヵ所原発がありますが、そこから出る使用済み核燃料はここに全部船で運んできます。

ただし、ここはあくまでも一時的な貯蔵所で、永久貯蔵所をつくろうとしています。**図30**が、北のフォースマルクにある高レベルの核廃棄物の最終処分場です。建設は１９８３年、30年以上前に始まっており、２０１９年には終わる予定で、現在、建設認可待ち受け中です。最終的な建設認可がまだ出ていません。ただ、認可が出てからでは遅いので、今つくっています。

高レベルの核廃棄物の最終処分場の目的としては２０１９年から２０８５年までの約60年間、

ここに核の廃棄物を貯め込むつもりです。２０８５年は、スウェーデンがもくろんでいる原発には依存しない年限ですから、いまさら原発賛成とか反対とか、推進とかストップとか言うのではなく、スウェーデンは将来を見越して、必ず85年までには、今世紀末までには原発をやめますというのが、スウェーデンの基本的な考え方です。

まとめ

現在、建設認可待ち受け中

建設：1983~2019

操業：2019~2085

フォースマルク　高レベル最終処分場
Source : SKB

図30　フォースマルク　高レベル最終処分場

いずれにしても、これは原発についての考え方ですが、先ほど小泉さんが「俺は、はたと気がついた。原発賛成から原発反対に回った。それはフィンランドのオンカロを見てからだ」と述べたと言いましたが、オンカロの技術のほとんどはスウェーデンの技術で、同じ技術者が設計したものです。

フィンランドの話は別になるのでおいておくとして、スウェーデンは北のフォースマルクの高レベルの最終処分場で埋めていくことが、使用済み核燃料に対するスウェーデンの危機管理です。私たちは、もっとアジテーションというか、そのときどきのパフォーマンスにごまかされるのではなくて、小泉元首相が言ったように、フィンランドではオンカロ、スウェーデンではフォースマルクに使用済み核燃料の最終処分場をつくろうとしていて認可待ちです。では、日本の私たちはどうするのかと、その先を考える必要があるのではないでしょうか。

現実としては、原発は再稼働します。再稼働したとき、よく言われることですが、使用済み核燃料の問題に対しては、原発賛成とか反対とかいう立場をやめましょうと。現にあるわけですから、再稼働すれば、その瞬間から核のごみが出てくるわけです。これに対して、私たちはどう考えるのか。どこかで最終処分場を考えなければいけない。原発の再稼働は、そこまで含めるべき問題だと思います。

4‐環境裁判所、放射能安全機関とも環境省の管轄

まとめ

VATTENFALL　e·on　okg　FORSMARKS KRAFTGRUPP

＝

SKB

協力機関

大学・研究所、コンサルタント、地質研究所、
その他関連諸機関、企業

Source : SKB

図 31　ＳＫＢの所有者

使用済み核燃料の最終処分場を運営する母体ですが、これもまたスウェーデンのある意味では危機管理を紹介するとき、別の側面になると思いますので、ちょっと述べておきましょう。

図31のＳＫＢというのは、国営電力会社のバッテンフォール、それから三つの原発を持っている民営電力会社ＯＫＧ、ドイツに本拠を置く別の電力会社Ｅ・ＯＮ、それを運営するフォースマルク・クラフトグループの4者が出資した、国営・民営合わせた核燃料管理会社です。スウェーデンの原発から出る使用済み核燃料を管理をする会社です。

フィンランドのオンカロの施設はすでに認可を得て操業を始めていますが、スウェーデンはまだ認可を受けていません。というのは、実施母体、運営母体はＳＫＢという会社ですが、どうい

うプロセスで認可を待っているかと言うと、以下に私が強調したいスウェーデンの危機管理があります。

図32（次ページ）のように、スウェーデンには日本にはない環境裁判所というのがあります。それから放射能安全機関（日本の元の原子力安全・保安院。２０１２年、原子力規制委員会に移行）の二つがありますが、特徴的なのは両方とも環境省の管轄です。

環境裁判所は第2章でも触れましたが、これが非常に大きな役割を担っていて許認可権を持っています。この裁判所が「ＯＫ」と言わなければ、発電所も建てられなければ道路もできない、橋もつくれないというくらいに非常に力がある。

環境裁判は、普通の裁判とどう違うのか。普通の裁判は、殺人でもどんな刑事事件でも、民事事件でも、みんな同じです。普通の裁判は証拠固めです。過去に起こったことをどこに原因があるか探ることが普通の裁判です。

環境裁判は、将来何が起こるのか、それを探ることです。明日のことを探る、あさってのこと、10年後、20年後、１００年後、1万年後のことを探る。これが環境裁判と通常の裁判の一番の違いです。

つまり、持続可能な社会はスウェーデンの国是で将来のことです。将来に現在の社会をどのように持ち越すか。そのためには子孫に禍根を残さない、負の遺産を残さない、というのが持続可能な社会の一番のテーゼですが、そういうときのために環境裁判所が、将来どういう影響があ

まとめ

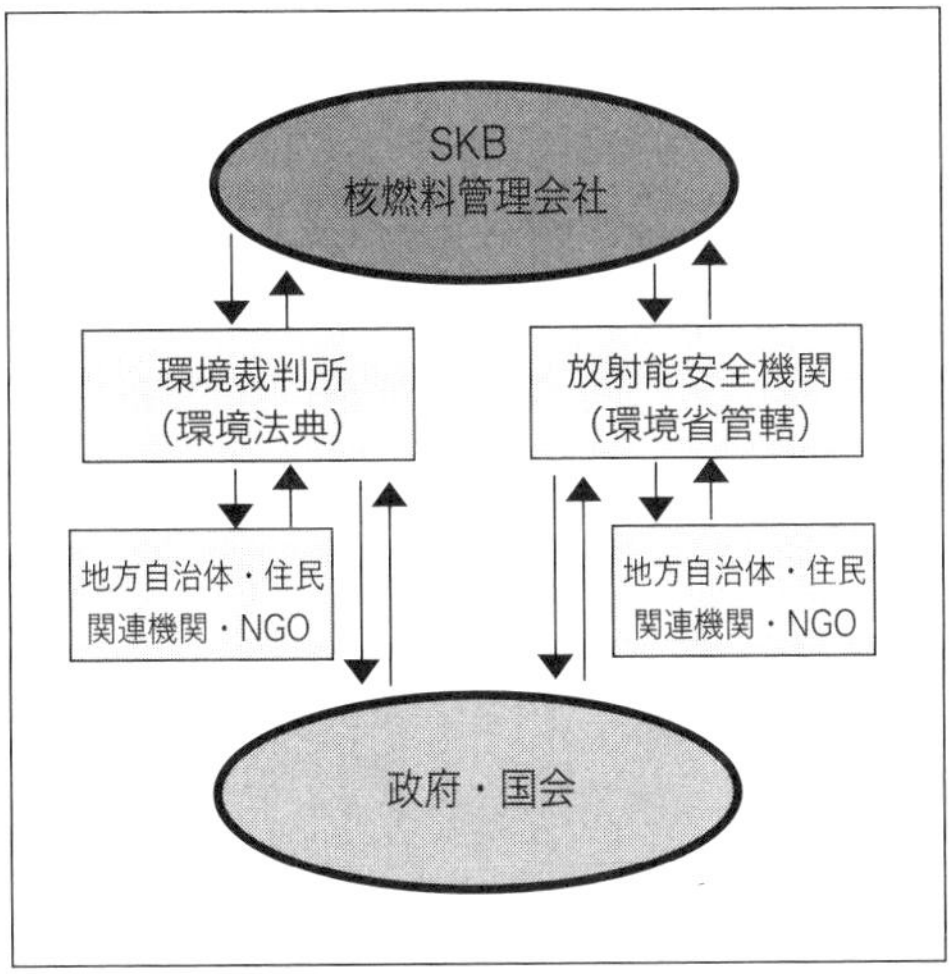

図 32　建設認可プロセス

るか、将来を探る視点から許認可権を持っています。核燃料管理会社ＳＫＢの使用済み核燃料の最終処分場を認めるか、認めないか、まだスウェーデンではこの結論が出ていません。将来をまだ探り切っていないからです。

こういう機能がある環境裁判所を持っているか、持っていないかということが、危機管理の一つの大事な点ではないかなと思います。

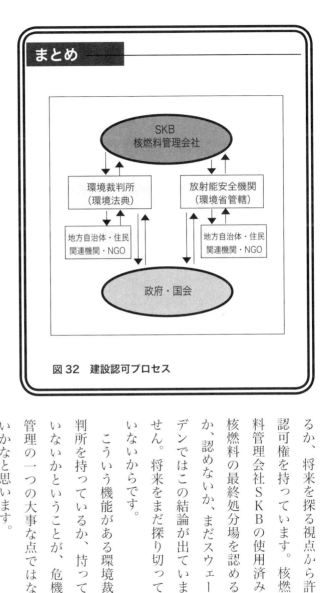

5-コンセンサスを得るプロセスを何回も繰り返すことが危機管理

しかも、もう一つ安全審査をする機関があります。これも環境省の管轄です。環境が一番のベースになっています。今述べているのは、たまたま核燃料管理会社ＳＫＢのケースですが、ほかの件でもみんな同じです。空港をつくるときでも、港をつくるときでも、みんなこのプロセスを経ます。

そして、もう一つ大事なのは以下のとおりです。これは「環境法典」に必ず明文化されて、これを守らないと認可が受けられません。どういうことかと言うと、地方自治体、住民、関連機関、NGOのどちらにも核燃料管理会社SKBが、「自分たちにこの施設をつくらせてください」という申請書を出します。申請書は最終的には政府・国会に出します。

こういうプロセスの中で、申請書はダンボールボックスで五つくらいになりますが、それを受けた地方自治体とか住民とか関連機関、NGO等、要求があればすべての人にチェックさせます。地方自治体は拒否権を持っています。チェックしてOK。地方自治体が「OK」と言わなければ駄目です。どんな施設でもストップがかけられます。

放射能の最終処分場も同じ申請書類、レポートから、学術的なものから何から何まで全部付ける。これを要約したものを地方自治体に提出します。当然、そこの住民は、ダンボール五つもの資料など読めるわけがありませんので、必ず住民は、「もっと簡単にして」と言います。安全審査機関なり裁判所のスタッフは、もっとわかりやすい形に、5ページなら5ページにまとめざるを得ませんが、申請書類はそういうふうに行き来しています。

そして、このSKBの最終処分場の場合、工事を開始してから30年くらい経ているのですが、まだ認可が得られない。またコンセンサスを得るプロセスに戻ってやり取りしている段階です。

この前、スウェーデン大使館の前科学参事官に、「最終的な認可が出るまで、あとどのくらいかかりますか」と聞いたら、「うーん、まだ2、3年かかるのではないかな」と言っていました。

すべての問題は情報公開の不足から起きるので、コンセンサスを得るプロセスを何回も繰り返しています。情報はオープンにして初めて情報となり、オープンにしなければ秘密になります。秘密と本当の意味での情報の境目は、オープンというパイプの中を通すかどうかに依ります。そして、このパイプの太さは、その国の危機管理もそうですし、すべての民主社会の一番のベースになり得るのではないか、と思うところがあります。今は、そういう段階です。

そういうことで、コンセンサスを得るプロセスを経て、スウェーデンのインフラストラクチャー、発電所も送電所も、すべてのものがこういうプロセスを経ます。こういうプロセスを経なければ認可は得られません。こういうプロセスこそが、スウェーデンの危機管理ではないかと思います。

6- 正直に情報公開することがスウェーデンの危機管理

ちなみに、私もこの前、ＳＫＢの取材で行って、いろいろディスカッションしたり、案内してもらいましたが、今のＳＫＢの担当者の非常に感心した言葉です。

「私たちにはわからないことだらけです。だから正直であることが基本です」

「ここまではわかっています。でも、ここから先はわかりません。それを国民に示すことです。知ったかぶりをしない、正直であるということ、これが情報公開の一番のベースです」

例えば食料問題、環境問題、介護の問題であっても、為政者がそもそも国民が賢くなるのをおそれるために不正直で、不利な情報の公開には二の足を踏むのが常です。

図33（次ページ）で紹介したように、ODA（政府開発援助）では被支援国の担当者レベルでさえ、

当然、このSKBの担当者は、使用済み核燃料の地下貯蔵の技術者ですから、そのことに関しては、私などよりももっとくわしく知っているはずです。でも、「わからないことだらけです」と、わからないことを国民に知らせて初めて情報公開となります。だから、「決定するのは政治家ではないんですよ、SKBでもないんですよ、国民皆さんですよ、Peopleですよ」という態度をとっています。

そういうことでSKBが運営され、使用済み核燃料の貯蔵施設が運営されるということは、私は、個人的にはうらやましいと思います。

一方で日本の私たちには、使用済み核燃料の貯蔵施設と言えば、青森県の六ヶ所村があります。北海道の幌延《ほろのべ》の実験場もあります。岐阜県の瑞浪《みずなみ》でも穴を掘っています。しかし、そういうことを全然、私たちは知らない。知らない私たちも悪いのですが、それを知ろうともしないマスコミもまた悪いと思います。結局は、双方が現実をほじくらないというか、ある意味、虚構の安心感にあぐらをかいて、何か事故が起こって、「やっぱりそうだったか」という声を挙げる。これは危機管理ではないです。

その前の段階から、少なくても本書の読者の皆さんは、私たち一人ひとりが、そういうことに対して関心を持つということが先決ではないでしょうか。それと情報公開。情報は出さなければ秘密になるということを、特記しておきたいと思います。

以上、スウェーデンの危機管理について述べました。スウェーデンは、危機管理は18項目くら

まとめ

「私達にもわからないことだらけです。だから正直であることが基本です」

「決定をするのは、政治家ではありません。SKB ではありません。People です」

＊＊

ODA の担当者の言葉

「被支援国の為政者は国民が賢明になることを望んでいません」

スウェーデンのジャーナリストの言葉

「情報公開・表現の自由・出版の自由を通じて国民が判断します」

Source:www.msb.se

図 33　SKB の担当者の言葉

いピックアップしていますが、私たちは2011年3月11日という経験をしているので、その一番典型になる、原子炉の事故を中心としたスウェーデンの取り組み方を紹介しました。

私がここで述べていることは、私も含めて、少しでも一緒に考えられるような種になればと思いますし、できる限りそういう議論が広まることを望んでいます。

体験ルポ

原発と核燃料廃棄物処理の実態

（編集部註：本編はビデオ収録とは別に行なわれた、一般社団法人スウェーデン社会研究所の月例の研究講座から2014年に収録したものである。本編は、第4章の「使用済み核燃料貯蔵施設の危機管理」と内容、図版とも一部重複する箇所もあるが、ルポルタージュ風に施設の概要がより詳述されているので別立てとして掲載した。なお、図版の重複掲載を避けるため図版掲載の当該ページ数のみを掲出しているが、悪しからずご了承願いたい。）

◒北のフォースマルクと南のオスカーシャム

本題に入る前に、原子力関連の各施設の概要を紹介しておきましょう。再三述べていますが、**図34**のようにスウェーデンには今、3ヵ所に原発があります。ストックホルムから北へ車で2時間くらいのフォースマルクという所に原発があります。それから南にオスカーシャムという原発があり、リングハルスという原発があります。バースベックにも原発があったのですが、デンマークに非常に近く政治的な判断もあり、ストップしていますが、廃炉にはしていません。

雪が深かったですが、私自身、北のフォースマルク原発には去（2013）年の冬に行きました。その前はオスカーシャム原発に行きました。ここには原子力の関連施設が集中しています。リングハルス原発にはたまたま縁があって、友だちがリングハルスの近くにいたものですから、ストップしているこの原発を毎日眺めていました。ただ、リングハルス原発へは私自身入ったことはありません。入ったことがあるのは、フォースマルク原発とオスカーシャム原発です。

ちなみに、今回は、3ヵ所にある原発のうち南のオスカーシャム原発に近いゴトランド島にも行き、スウェーデンの地方行政を1週間ほどかけて視察してきました。

特に今日お話しするのは、北のフォースマルクと南のオスカーシャムの話がほとんどです。時々混同するかもしれませんが、このロケーションはちょっと頭の中に入れておいてください。ロケー

まとめ

3ヵ所で10基稼動
電力の42%を供給
使用済み核燃料：
12000トン

SFR：短寿命放射性廃棄物最終貯蔵所
Clab：使用済み核燃料中央貯蔵所

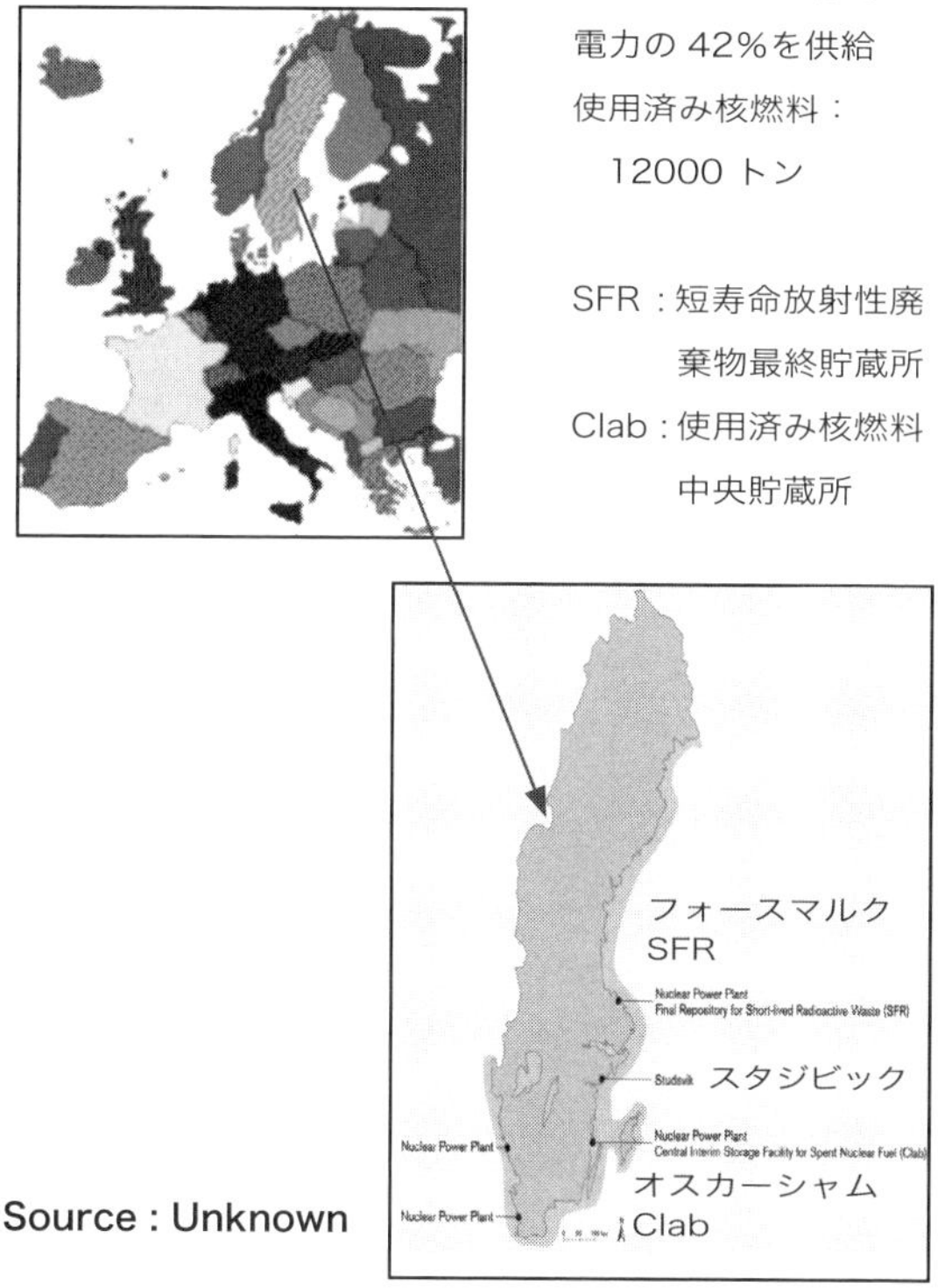

図34　スウェーデンの核関連施設

ションがどこにあるかというのが、スウェーデンの考え方を理解するのに、ある意味大事だと思います。

ここにスタズビックというのがあります。これはスウェーデンの元国立原子力研究所です。原子力研究所と理解してください。ただ、今日の話の中ではメインにはなりません。

さて、スウェーデン全土の3ヵ所に10基の原子炉があり、そこから生まれる使用済みの燃料（燃やしてしまえばごみになる）が今、1万2000トン貯まっています。その中で半分の6000トンくらいが特別の施設に格納されていますが、その残りは各原子炉に残されたままです。

北のフォースマルク。ここにSFR、短寿命放射性廃棄物最終貯蔵所があります。放射性物質というのは寿命があり、放射能を出す能力が半分に落ちるのを「半減期」と言っており、これを別の意味で「寿命」と言っています。その期間が短いもの長いもののうち、短いものが数年、長いものは数億年です。

寿命が短くてあまり害にならないものを、私たちは「低レベル」と言っていますが、低レベルの放射性廃棄物を今、北のフォースマルクの中のSFRという所で貯蔵しています。SFRというのはそういうファンクション（機能）を持っていて、今出てきている、あまり害を及ぼさない放射性物質、例えば病院とか研究所とか企業とか、例えばタイヤのメーカーなどはよく放射性物質を使います。薬品メーカーも使います。いろいろな工業で放射性物質を使っていますので、そういう所から出てくるごみはSFRで一括してまとめて貯蔵しています。

それからClabというのが、今日の話のある意味では核になります。放射性物質を分けるときに、低レベル、中間レベル、高レベルという分け方をしていますが、原子炉の中の原子炉それ自体を含めた一番放射性が高いごみのことを高レベル、それ以外のものを低レベルと言います。

このClabは、高レベルの使用済み核燃料の貯蔵所になっています。いずれそれは北のフォースマルクに永久貯蔵所をつくったときに全部移す予定ですが、まだ永久貯蔵所の認可が出ていませんので、それまでは南のオスカーシャムのＣｌａｂに置いておくというのが彼らの今の措置です。

◒国営の電力会社バッテンフォールと民間の電力会社ＯＫＧ

原子力発電所を具体的に見ていくと、北のフォースマルク、ストックホルム近郊のオーゲスタの研究炉はもう閉鎖してしまいましたので、オスカーシャム、リングハルスの3ヵ所に原子炉があり、南のオスカーシャム原発には三つの、いわゆる沸騰水型（ＢＷＲ）の原子炉があります。

図35（☞113ページ・図25）

スウェーデンの沸騰水型の商業用炉の出発はオスカーシャムです。稼働を始めた年月は1972年ですから、40年以上経って古くなってきています。

面白いことに、原子炉の寿命は誰にもわかりません。ただ、メンテナンスが大変になって、経済的な側面から費用を考えると、大体40年が限度ではないかと言われています。しかし、決してそれは学問的な科学的な根拠からではなくて、経済的なところから来ています。そういう点では、南のオスカーシャムのＯＫＧの原子炉は、もう寿命に来ていると言えます。

それから、原子力発電会社にはＯＫＧとバッテンフォールの二つがあり、バッテンフォールはいろいろな歴史的ないきさつはありますが、現在は国営の電力会社です。OKGは民間の電力会社です。スウェーデンでは、原発はOKGとバッテンフォールの二つの会社が持っていることを記憶しておいてください。

ちなみにスウェーデンは、バッテンフォールの1基（米国製）を除いて9基とも全部、自家製です。先ほど述べたオーゲスタの原発が最初に出来た研究炉ですが、スウェーデンの王立工科大学、Royal Institute of Technology の先生たちがつくったもので、自分たちで研究開発して、だいぶ前にABB社と一緒になったアセア・アトム社というスウェーデンの企業が自前でつくりました。

やはり、自前の技術で原発をつくるというのは、ある意味では、今回の福島の原発事故を考えてみても大きいと思います。結局、自分たちでつくったから設計図もわかれば、どこに問題があるかもわかるし、自分たちで問題解決できるのです。このことが日本のように米国製の原発をライセンス生産でやってきている私たちと、どこか違うのではないかなと思わざるを得ないときもあります。

◒福島の原発事故後のスウェーデンの世論調査

今、ざっとスウェーデンの原子力の施設を見てきました。原子力の施設を見るときに、いろいろなとらえ方がありますが、それに対して住民がどのように反応しているのかを、一つだけ例を挙げて紹介します。北のフォースマルク原発に対する住民意識ですが、絶対反対3％、まあ反対14％、どっちとも言えない、躊躇《ちゅうちょ》するが４％、まあ賛成60％、大賛成20％。合わせて80％の住民が賛成しています。

これは特に、日本のマスコミによると、どうもスウェーデンは脱原発、反原発のイメージが強いように思われているのではないかと思いますが、私はずっとスウェーデンに関わっていて、スウェーデンから反原発・脱原発というニュアンスを感じたことは非常に少ないです。

どちらかと言うと、スウェーデンはｐｒｏ原発、原発支持の国です。スウェーデンは現実として原発大国である、という認識をしておく必要があると思います。

それは、**図36**（☞116ページ・図26）にも表れています。これは3・11、福島の原発事故の後、スウェーデンで特に新聞社において、いろいろな世論調査が行なわれました。そこで、例えば10日後の３月22日の世論調査で、現状維持または拡張派が57％です。それからしばらく経って、３月31日の世論調査では、もう90％が原発の支持をしています。これが全部つながってきますが、根っこに国是の持続可能な社会をつくるというビジョンがある、と私は解釈しています。このようにスウェーデンの世論は、ほとんど原発を支持しているということを事実として、私たちは認識すべき問題ではないかと思います。

◒ＯＫＧとバッテンフォールの出資による核燃料管理会社ＳＫＢ

何度も繰り返しになりますが、スウェーデンには3ヵ所に原発があり、10基のリアクター（原子炉）があります。この10基のリアクターから出るごみ——使ったときのごみ、燃やしてしまった後、核分裂を起こして、核分裂が済んでしまった後のウラニウム燃料をどうするか。これはスウェーデンだけではなくて、全世界の問題です。

それに対して、スウェーデンの取り組みはどうなのか，これからどうしようとしているのかを紹介したいと思います。

その前に、使用済み核燃料とは、原子炉の中でウラニウム２３８に中性子を当てて核分裂反応を起こして熱を出させ、その熱で蒸気をつくり、その蒸気でタービンを回し、そのタービンから電力を得るという一連のプロセスで燃やした核燃料、この核分裂が終わってしまった後の使用済み核燃料を「核のごみ」と言っています。

それを扱うために、スウェーデンでは、まずＳＫＢ、Svensk Kärnbränslehantering AB というスウェーデン核燃料管理会社をつくりました。意味は、Svensk（スヴェンスク）はスウェーデン、kärnbränslehantering の kärn（カーン、コーン）は核、ニュークリアのことです。bränsle（ブロンスレント）が燃料、キューエルです。hante（ハンタ）が管理するという意味です。この頭文字を取ってSKBと言っています。日本語の文献では、核燃料廃棄物と入れることもあります。これを直訳すると、廃棄物の意味はここに入っていないので、私はそのまま「核燃料管理会社」と呼んでいます。

SKBは、これからお話しする全部に付いてきますので、ちょっと頭の中に入れておいてください。核燃料管理会社のSKBは、原発を持っているスウェーデンの二つの電力会社、先ほどのOKGとバッテンフォールが出資して、核燃料と廃棄物を扱うための目的で設立しました。

やっている事業は研究開発。核の廃棄物、核のごみをどのように処理していくか、どのように扱ったらいいかという研究とそれに伴う技術開発です。

それから、処分場の建設場所の設定。どこにそういう場所をつくったらいいのか。決定してつくること、そしてそれを運営すること、オペレーションすること、これはSKBの責任です。それから自分たちのやっていることすべてを情報公開すること、これもSKBの事業の中に入っていて、この情報公開がこれからキーワードになってきます。

そのSKBが活動しているのは、原発がある北のフォースマルクと南のオスカーシャム。リングハルスには原発を除いて各関連施設は何もないです。

SKBには、先ほどバッテンフォールとOKGが出資をしていると言いましたが、具体的にもう少し詳しく言うと、四つの会社が持っています。国営電力会社のバッテンフォール、民間電力会社のOKG、イギリスの投資会社イーオン（E・ON）、フォースマルク・クラフトグループです。

まとめ

Svensk Kärnbränslehantering AB
ＳＫＢ スウェーデン核燃料管理会社

原発所有の電力会社が出資設立

（図 31　SKB の所有者参照）

事　業

研究開発・技術開発

建設場所の決定

処分場の建設

処分場の操業

情報公開

Source : SKB

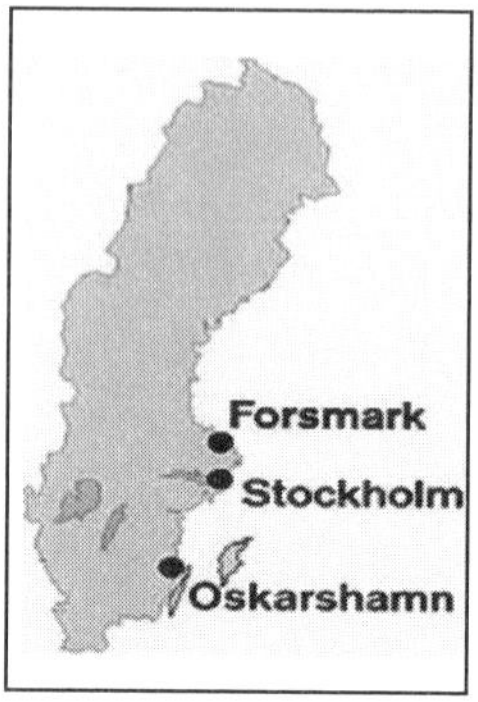

図 37　ＳＫＢ スウェーデン核燃料管理会社

昔、スウェーデンにはいろいろな電力会社があり、その中にシードクラフトという電力会社があったのですが、イギリスの投資会社がそれを買収し、今それを所有してＯＫＧという会社に変わっています。ですから、イーオンとＯＫＧは、ある意味では同じグループと言っていいと思います。

それからフォースマルク・クラフトグループ。クラフトはパワーという意味です。電力会社エレクトリックパワー・カンパニーの意味です。これも具体的には、先ほど述べた、短寿命の、低レベルの放射性廃棄物最終貯蔵所であるＳＦＲを運営している会社です。この四つの出資者が合わさってＳＫＢができています。**図38（☞ 137ページ・図31）**

ただ、ＳＫＢは出資者だけではできませんので、協力機関とほとんど同じような組織として動いています。どういう組織かと言うと、大学、研究所、コンサルタント（専門家）、それから地質の研究所、その他の関連企業が一体になってＳＫＢが組織され、核のごみの処理に当たっています。

◐ＳＫＢと使用済み核燃料最終処分場の建設認可のプロセス

どこでもそうですが、企業なり組織は基本方針を持っています。いわゆるベースというもので、ＳＫＢの基本方針はどういうところに置いているかというと、三つあります。

一つ目、まず自分たちのなすべき仕事、ＳＫＢがやるべきことは何か。それは核廃棄物の処理、それから貯蔵です。すでにＳＫＢには、先ほど述べたように、スウェーデン全体で今まで1万2000トンの核廃棄物が出て、そのうちの5500トンをＳＫＢが抱えています。

二つ目は、ＳＫＢが負うべき責任。これは法律できちんと決められており、「核廃棄物をつくり出した今の人々がその処理をすべきである」とあります。今のわれわれがその処理をしなければいけませんよと。「次の世代に負わせるべきではない」。持続可能な社会の具体策です。これは自分も含めて、私たちも重く受け止めたいと思います。

三つ目は、実際の解決方法は何か。核燃料廃棄物は完全に隔離する。私たちとそのごみとを分ける、これが処理の基本です。核燃料の廃棄物、放射能を持ったごみは、ほかのごみとどこが違うかというと、半減期があって、なくなるまでが長い。特に長いものは、ヨウ素129で

まとめ

Source : SKB

なすべき仕事 :
核廃棄物の処理（すでに 5,500 トンの使用済み核燃料を抱える）

負うべき責任（法的義務）：
核廃棄物を作り出した今の人々がその処理をすべきで、次の世代に負わせるべきではない。

解決方法 :
核燃料廃棄物は完全隔離する。
最終処分場の認可が出るまで、度々国の安全審査機関の調査を繰り返す。

図 39　SKB の基本方針

1570万年、マイナーアクチノイド系やウランやプルトニウムは300年から数十億年かかると言われています。そういうものは、私たちが生きている間に無くなることは無理です。それでは、どうしたらいいか、どうやって分けるか技術的な問題になってきます。

それと、最終処分場の認可が出るまで、たびたび国の安全審査機関の調査を繰り返す。あくまでも繰り返し調査をします。

これが、核燃料管理会社ＳＫＢの基本方針です（図39）。図40（☞139ページ・図32）は、建設認可のプロセスです。どこかに最終処分場の場所を決めました、ここを核燃料廃棄物を埋めるときの場所に決めました、というだけでも、そう簡単ではないです。これだけのプロセスがある。ここにスウェーデンの持続可能な社会をつくっていこうという大きな姿勢が見られて、私はこの図の示すところがスウェーデンのキーではないかと思っています。

まずＳＫＢのほうは、ここに建設をしますと、建設認可申請（アプリケーション）を出しますので書類をつくります。書類をつくってどこに出すかと言うと、２ヵ所に出します。一つは環境裁判所。環境問題を扱う環境裁判所はスウェーデン独自のものですが、別に環境裁判所と看板が出ている建物があるわけではなくて、通常の裁判所の中にその機能を持った裁判所があります。

環境裁判所の役割は、「環境法典」——１９９９年にできた法律で、それまで大気関係、水質関係、食品関係など環境関係の法律が二百いくつあってバラバラで実行しにくいと、それを一つにまとめた——という環境に関する法律を守らせること、またそれに対して違反しているかどうかを審査することです。

ですから、ＳＫＢが出した建設認可申請に対して環境裁判所は、「環境法典」に照らして違法かどうかを審査します。

もう一つ、ＳＫＢが建設計画の願書を出さなければいけないのは、環境裁判所だけではなくて、放射能安全機関（日本の原子力規制委員会のような）の安全審査に対してもアプリケーションを出さなければいけません。

ここで特徴的なのは、環境裁判所、放射能安全機関（「機関」というのは訳しにくく、officeと言ったり、committeeと言ったり、councilと言ったり、いろんな言葉が出てきますが、私は「機関」と名づけていますが、「専門家が集まった委員会」のこと）ともに環境省の管轄です。

これは、いいとか悪いとかの問題ではなくて、日本とはずいぶん違うなと思います。環境省がすべてに出てきます。

例えば日本では、核の問題に対して、もちろん経済産業省、文部科学省、内閣府、外務省と噛んでいますが、環境省が出てきません。なぜでしょうか。日本では環境省が出てこないのに、スウェーデンでは環境省が一番前面に立って、そこが管轄する「環境法典」という法律に照らしています。

ですからSKBは、まず環境問題をクリアしなければなりません。この環境裁判所および安全を審査する機関がやるべきことは、地方自治体、住民、関連機関、NGOに対して意見を求めなければいけません。

これは自主的ではなく強制的です。「環境法典」にきっちり、それをしなければ罰します、と決めている。だから、必ずSKBは民間の意見を、地方自治体の意見を、住民の意見を聞かなければいけない。そこで聞いた意見を反映したものが環境裁判所に戻って、それをしん酌しながら環境裁判所はまたこれをチェックします。同じような手続きを放射能安全機関が地方自治体、住民、関連機関、ＮＧＯに対してやっています。

◒ＳＦＲを運営する核燃料管理会社ＳＫＢ

繰り返しになりますが、ＳＫＢは、バッテンフォールという国営電力会社、イーオン（Ｅ・ＯＮ）というイギリス系の投資会社、その投資を受けたＯＫＧという電力会社、フォースマルク・クラフトグループの四つが株主を形成して、北のフォースマルクにある短寿命放射性廃棄物の最終貯蔵所ＳＦＲを運営しています。

ＳＫＢには役員が９人います。この９人のうち、株主の中で一番多く、40％くらい投資しているバッテンフォールの社長がＳＫＢの役員会の議長です。そして、９人のうち２人が、労働組合の代表です。組織の中には必ず労働組合の代表が入ってきます。これも彼らが勝手にやっているわけではなく、全部法律で決められています。

ですから、ＳＫＢという核燃料管理会社の建設計画には地方自治体、住民、関連機関、ＮＧＯはもとより、組合の代表の意見も当然入ってきます。

この建設認可のプロセスの中で公聴会を開いたり、意見を聞いたり、ミーティングを繰り返し繰り返し開き、意見を練り上げて、結論じみてしまいますが、ここでようやく環境裁判所から「われわれの判断ではＯＫだよ」という、認可が今、出つつあります。

ＳＫＢが最終処分場の建設認可申請を環境裁判所に出したのは、２０１１年です。それを出した時に、私たち日本人はマスコミ報道を通じて、スウェーデンは核燃料廃棄物の最終処分場が決まったと思い込んでいますが、実はそうではない。まだ全然決まっていないのです。最終的な判断が環境裁判所に来るまでには至っていないのです。

だからスウェーデン人に聞くと、「あと何年かかるかわからないね」というのが彼らの本音です。建設は、試験的にはどんどんつくって進んでいますが、正式には決まっていないと言うのです。

図41のように、この時期にはこういうレポート、報告書がいっぱい出ています。一つサンプルを持ってきました。「環境法典」（Consultation According to the Environmental Code）に則った、住民とのいろいろな会合の報告書です。これを読むと、何人に呼び掛けたが何人出てきて何人が出て来なかった。どんな質疑があったか。その質疑に対する応答が全部出ています。これはたまたま一部ですが、極端に言うとこんなにあります。

住民の意見をいかにして聞くか。これが彼らの認可のプロセスです。そして、住民の意見を聞かなければ法律違反ですと、きっちり決めています。この辺のあり方、きっちり法律で決めること、単に自主性に任せるのではないということを、私たちは大事と思わなければいけないのではないでしょうか。

もう一つ持ってきたのですが、私の友人のお友だちで、スウェーデン王立工科大学の金属学、

まとめ

建設認可のプロセスでSKBから関連機関に提出されたレポート
Source : SKB

図41　SKBから提出された書類ボックス

特に粉末冶金学、Powder Metallurgyでは世界の５本の指に入る、オリエ・グリンデルさんという准教授Associate Professorがいますが、彼がそういうミーティングに出て、「いや、ＳＫＢは1万年大丈夫だと言っているけれど、私たちの実験ではとんでもないことだ。５００年しか持たないよ」と言ったというような報告書がここにあります。

　こういういろいろな形での意見の相互交換がなされて、そこでコンセンサスを得るというプロセスによって、先ほどのスウェーデンは原発大国で、住民の8割が原発を支持していますという、世論調査の結果が現れてくるのではないでしょうか。それには、徹底した情報公開と、住民の意見や自分たちの意見がどう反映されるかがキーになるのではないかと思います。

まとめ

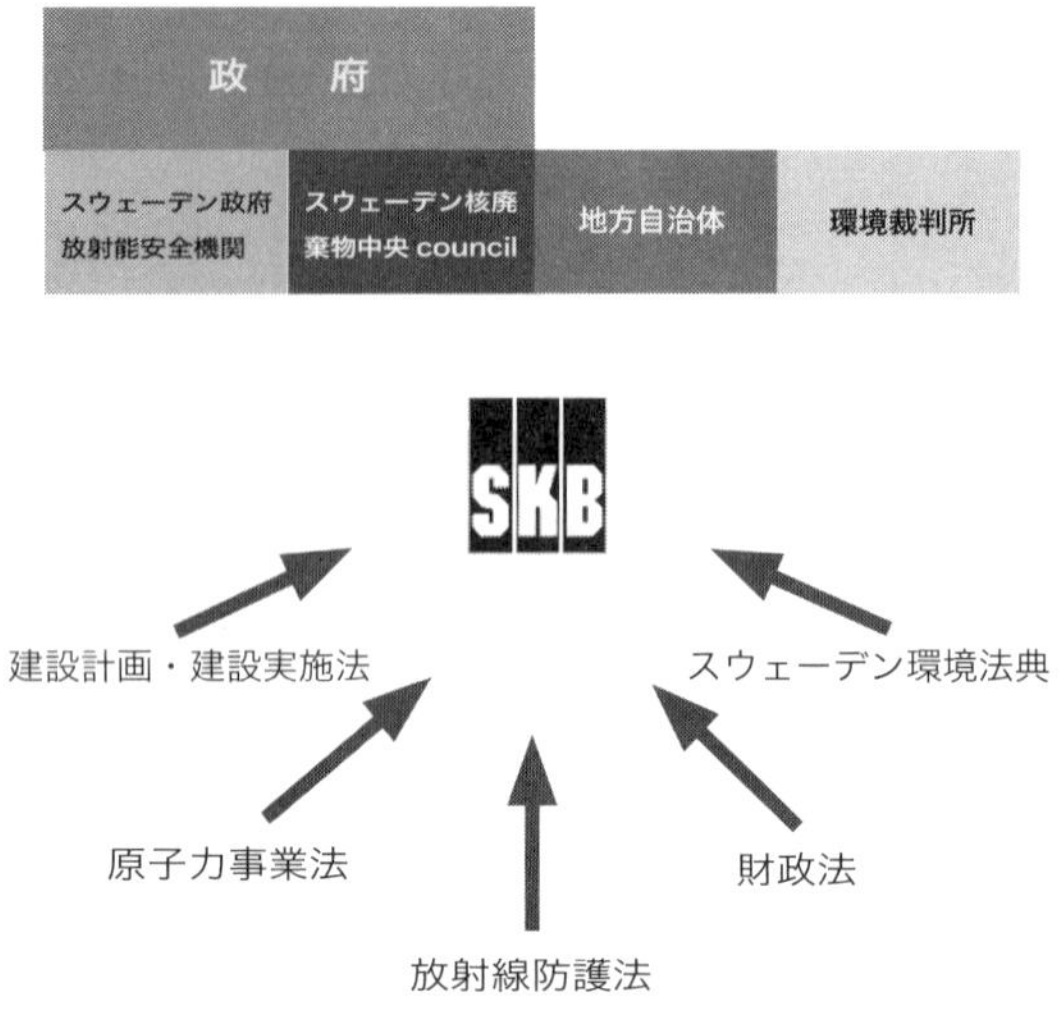

Source : SKB

図 42　SKB の関連機関と関連法律

もう少し立ち入ると、ＳＫＢと関連する機関と法律には**図42**のような法律があります。このようにＳＫＢは、建設認可のプロセスに沿って一歩一歩着実に自分たちの事業を進めなければいけない、ということです。

◒原子炉を廃炉処理するための核廃棄物基金

そしてそれには、どれだけお金がかかるのかが気になるところです。ある意味では、お金の問題が一番大事かもしれません。スウェーデンは、１９８１年に、核のごみを処理する費用を賄うための核廃棄物基金、ファンドを設立しました。この基金をつくったのは、次世代に費用負担をさせないという、あの持続可能な社会を実現するためのマインドです。自分たちの世代で片付けなければいけない問題だということで、そのためにはお金を積み立てようと言うことで積み立て始めました。

積み立て始めたその内容です。原子炉を廃炉処理するためです。原子炉は、ストップ（運転を止める）するのとディスマントリング（廃炉。全部分解して処理してしまう）するのとでは違います。「廃炉にする」はストップすることではなく、それを全部解体して、廃棄物をごみ処理場に持っていくことです。その廃炉処理には、スウェーデンでもいくらかかるかわからない。だから、そのときまでにどんどんお金を貯めておこうと、核廃棄物基金、ファンドが設立されました。

どのようにお金を貯めるのかと言うと、電力会社は使用者からキロワット／時当たり０・０２スウェーデンクローネを徴収して、ファンドに納入します。ですから、間接的には電気を使っている、原子力発電を利用している人たちが、このファンドの資金源になっています**（図43）**。

余談ですが、ちなみに私は今度の取材のためにＳＫＢに見学を申し込みました。見学はただではなく、３万クローネです。３万クローネ（円換算で一番安いときで32万〜33万円。今のレートでいくと50万円以上です）払わないと受け付けてくれません。

スウェーデンでは、ＳＫＢに限らず、向こうの組織が外来者を受け付けるとき、大臣であれ何であれ差別なしに全部お金を取ります。ですから、私も50万円払ってＳＫＢに行きました。

彼らは、それを当然と思っている。当然と思っているというのは、「こういうファンドは、もともと電気を使っている消費者が払っているんですよ。ところが、あなたが外国から来てＳＫＢの見学をする。１日見学したら、何人の人手がかかると思いますか。どれだけのコストがかかると思いますか。それをスウェーデンの消費者に負担させるつもりですか。そうじゃないでしょ。もしお金を払ってくれれば、喜んで公開しますよ」という理由《わけ》です。

だから、核のごみ処理場の中はとことん見せてくれましたが、金銭的なこういう形の関門は、ファンドをつくって次世代に負担をさせない、という発想法にもつながってくると思います。

年間で5億クローネが貯まっています。原子炉を一つ廃炉にする処分費用に、約10億クローネかかります。今、円安で、私もスウェーデンに行って、スウェーデンは物価が高いなと思ったのは、ほぼ2倍になっているからです。この間まで10億クローネと言ったら約10円の概算で、１００億円と思えばよかった。今、ほぼ2倍で18円以上ですから、２００億円と換算してみると、廃炉一基に約２００億円かかります。

廃炉処分だけではなくて、埋蔵処分に、あと30億クローネ、約５００億円が必要です。現在ま

まとめ

次世代に費用負担させない
廃炉処理はいつになるか不明
1981 年スタート
原子力発電の電気利用量
kW/ 時 当たり 0.02 SEK
（SEK: スウェーデンクローネ）
年間 5 億 SEK が基金へ
廃炉 1 基に 10 億 SEK
埋蔵処分に 30 億 SEK 必要
現在の所有残高　490 億 SEK

Source : Nuclear Waste Funds, under National Debt Office

図 43　核廃棄物基金 (Fund)

で貯めてきたお金は、1981年からスタートしていますから、490億クローネ、約1兆円貯まっています。

これを扱うNuclear Waste Fundsという廃棄物ファンドがあり、スウェーデンの中央政府のNational Debt Office（国家再建庁、再建局とでも訳せるか。日本には該当する役所はない）が管轄しています。この金庫に消費者から徴収されたお金が貯められています。

これでわかると思いますが、ファンドのためには税金は1銭も使いません。スウェーデンの原子力政策を追いかけると面白いことがわかります。政府のレポートにはエネルギー政策がいっぱい出てきても、原子力政策はほとんど出てきません。原子力政策がないのは、原子力発電は民間の事業であって、民間に任せています。だから、放射能の廃棄物処理場建設に対する最終の認可は国会でしますが、それまでは全部、このSKBの主導で行ないます。

それからスウェーデンの現地へ行っても、「政府は関知しません。私たちだけでやります」というのがSKBの基本姿勢になっています。

●SKBの核廃棄物処分計画

それでは、SKBがやっている処分計画とはどういうものなのか。低レベルと言われる、あまり毒性のない、放射能を出す能力がそれほど高くない病院などの医療機関、工場、研究所から出

まとめ

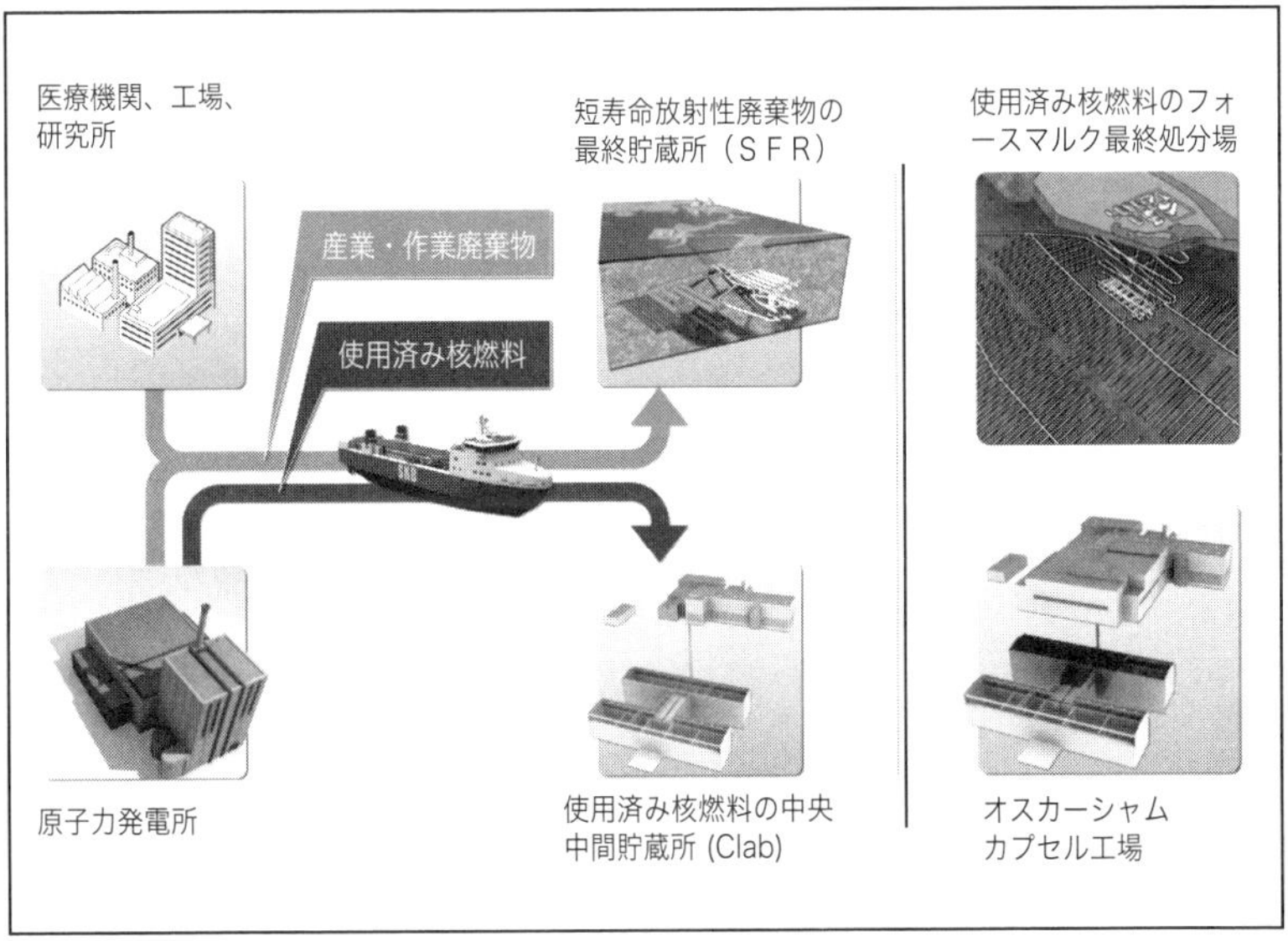

Source : SKB

図 44　放射性廃棄物の処分計画

る産業・作業廃棄物、operational waste は**図44（前ページ）**のように船でＳＦＲに輸送されます。

もちろん、福島の原発などを見てもわかりますが、例えばそこで働いている人の作業衣とか、いろいろな器具とか、そこで使った工具とか、そういうものはやはり汚染されています。ただ、それが高濃度ではなくて、それほど悪さをしないからということで、これも同じＳＦＲへ輸送されます。

これらはいずれも低レベルの核廃棄物で、ストックホルムの北のフォースマルクにあるＳＦＲという短寿命放射性廃棄物の最終貯蔵所へ輸送されます。低レベルの廃棄物は、将来にわたっても、スウェーデンはここのＳＦＲで貯蔵するつもりです。

問題は、原発から出る原子炉そのもの、それに直接触れているタービンなどの高濃度の放射能を持った廃棄物です。低レベルの廃棄物とも船で運びますが、南のオスカーシャム原発隣のＣｌａｂという使用済み核燃料の中央中間貯蔵所へ運びます。Ｃｌａｂは現在は非常に大事で、北のフォースマルクの最終処分場ができるまで、ここに全部貯めています。Ｃｌａｂを見てきましたが、やはりすごいです。将来的には、使用済み核燃料の最終処分場となる予定で、これは今、認可待ちです。

ただ、最終処分場は、穴を掘ってトンネルつくって、パイプを埋めただけではできません。むしろ力を注いでいるのは、埋めるためにはどうしたらいいのか、どんなものを使ったらいいのか、どういうようにしたらいいのか、縦にしたらいいのか、横にしたらいいのか、斜めにしたらいいのか。水が出てきたらどうしたらいいのか。まさにどうしたらいいのかの試行錯誤の連続。その中の一つがカプセルです。カプセル工場というのがあって、これらが一体になってスウェーデンの処分計画が実施されます。

まとめ

フォースマルクのSFR（下方）
Source : SKB

図45　SFR：短寿命・低レベル・中間レベル放射性廃棄物最終貯蔵所

◒北のフォースマルクにあるSFR

寿命が短い放射性物質の低レベル、中間レベルのものの最終貯蔵所SFR。ちょうどSFRに行ったとき冬でしたから、雪道で、寒い所だなというのが実感です。場所としては、北のフォースマルク原発のある所です。アザラシが、この辺の海で泳いでいました。それは原発の下にあるわけではなく、ちょっと離れた場所です（図45）。図46（次ページ）のような構造になっています。

ＳＦＲの操業開始は１９８８年です。これは病院とか、工場とかそういった所からいろいろなものが出てきますし、１９７２年にオスカーシャムの原発がスタートしていますので、そこから出るいろいろな低レベルの廃棄物もあります。そういうものを受け入れるためにスタートしています。

まとめ

場所：フォースマルク

操業開始　：1988 年

貯蔵容量：63,000 ㎥

年間受入容量：1,000 ㎥

構造：４列のトンネル

低レベル廃棄物：通常のコンテナーに入れたまま貯蔵。

中レベル廃棄物：ドラム缶に入れてシャフトに納め置き、満杯になったらコンクリートで蓋をする。

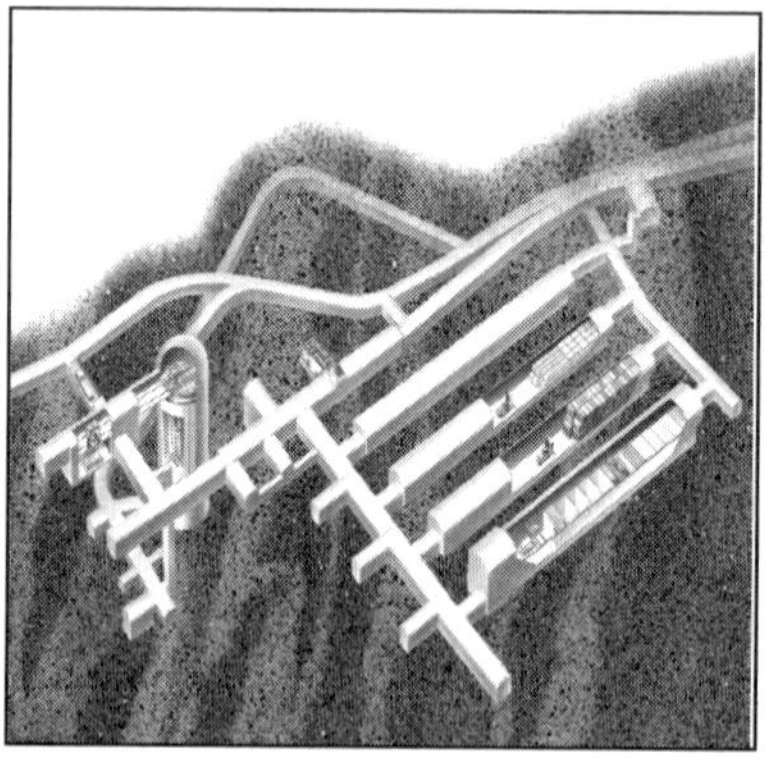

Source : SKB

図 46　SFR : 短寿命・低・中レベル廃棄物地下貯蔵

貯蔵容量は６万３０００㎥、年間受け入れ容量は１０００㎥。彼らはボールトと言っているトンネルに、本当に低レベルの廃棄物を通常のトラックで運ぶコンテナに入れたままにして置いています。それからもう少し放射能の寿命が長くて、扱いが厄介なものはドラム缶に入れてシャフトという大きな箱みたいなものに入れて、そこがいっぱいになったらコンクリートで埋める。こ

まとめ

現在の容量：63,000 ㎥

利用済み：31,000 ㎥

毎年増加量：1,000 ㎥

全原発が廃炉処分の場合の低・中間廃棄物量：150,000 ㎥

２０１３年：拡張申請

２０２０年：操業開始予定

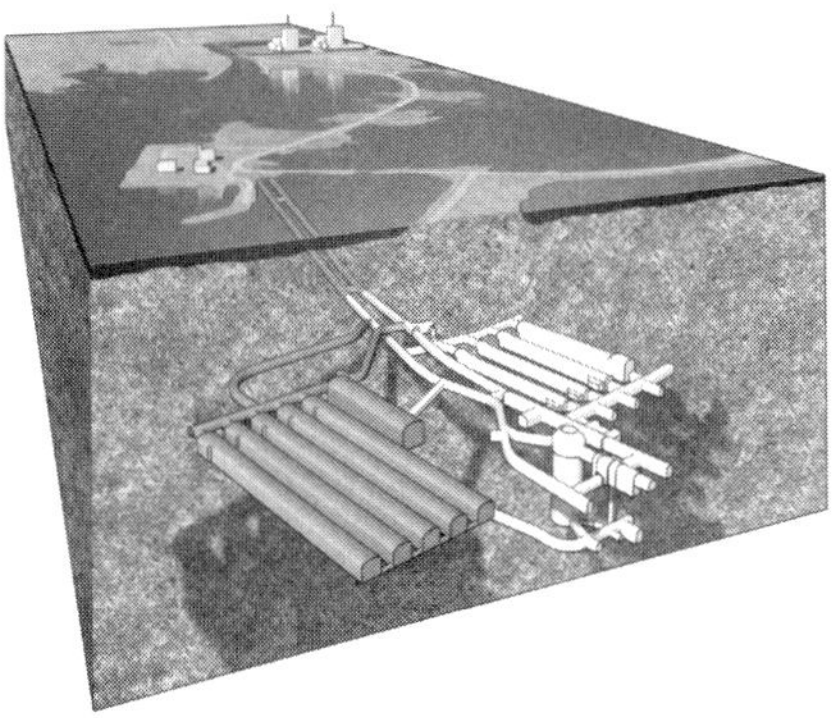

Source : SKB

図 47　SFR（短寿命・低・中レベル）の拡張計画

まとめ

Source : SKB

図 48　使用済み核廃棄物地下貯蔵内部
右図上から 3 年・6 年後の拡張計画

れは後ほど述べる高レベルの最終処分場とは全然違います。これくらいで済みます。

これもどんどん容量が増えてきているので、今、その拡張計画というのがあります。低レベルでも、毎年の増加量が1000㎥ずつ増えていきます。また原発が、今、10基ある原発のうちどれかを廃炉処分にした場合、そこからもごみがいっぱい出てくるわけです。低レベル・中間レベルの廃棄物量が15万㎥出てくる。それに対して備えなければいけないということで、拡張計画があります。今（2013）年、拡張申請をして、高レベルとは違い、低レベル・中間レベルですから認可は出るでしょう。ですから、ちょうど東京オリンピックの年２０２０年には操業開始の予定です。

図47（前々ページ）、**図48（前ページ）**が、その状況です。低レベル・中レベルは、ある意味では安泰と言うか、安全と言うか、このように広げていくというのが計画です。

◒北のフォースマルクに高レベルの廃棄物処分場が決まるまで

問題は高レベルのものです。原子炉自体、廃炉にした原子炉をどうするか。またその近辺にある、本当に高いレベルで汚染されてしまった機材や設備をどうするかというところです。

最終処分場決定のプロセスは先ほども言いました。環境裁判所と放射能安全機関（日本の原子力規制委員会のような）に申請書を出して、その法律に基づいて調査を行ないます。まずこういう所がいいのではないかと、いろいろな候補地を探します（**図49**）。

こういうとき、ＳＫＢは自分たちでやらないです。自分たちは限界を知っていますので、必ず専門家を使います。専門家は国内だけではなく、必要とあればＥＵから、ロシアからも、アメリカからも呼び寄せて、地質の専門家ですとか、いろいろな人の英知を集めています。

そのようにして、候補地を選ぶには、周辺の環境アセスメントの地域調査、岩盤を調べる地球物理学的測量・調査を進め、本当にそこに可能性があるかどうかを調べるフィージビリティ調査

まとめ

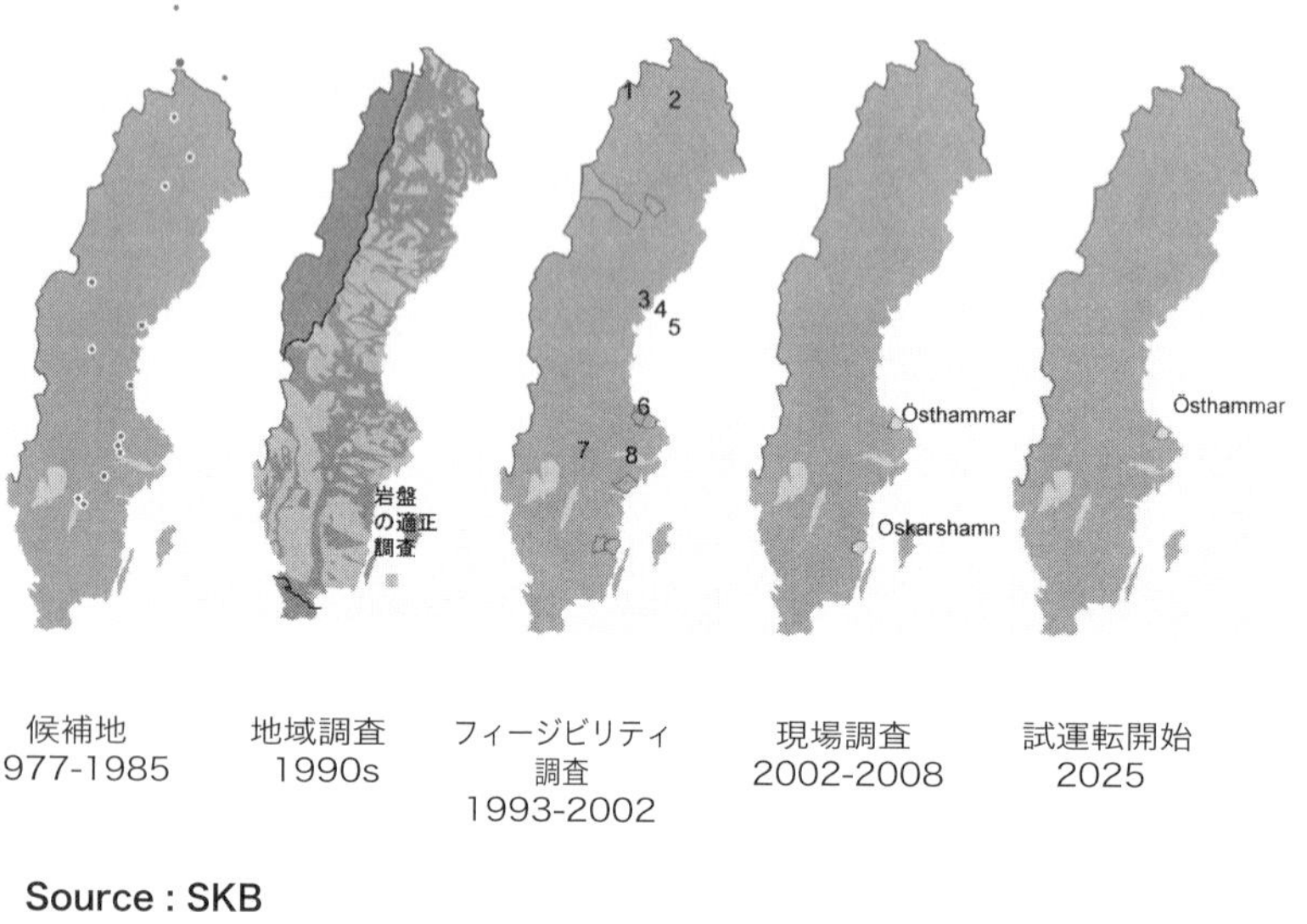

図 49　フォースマルク最終処分場の決定：経験の蓄積と一歩ずつ

まとめ

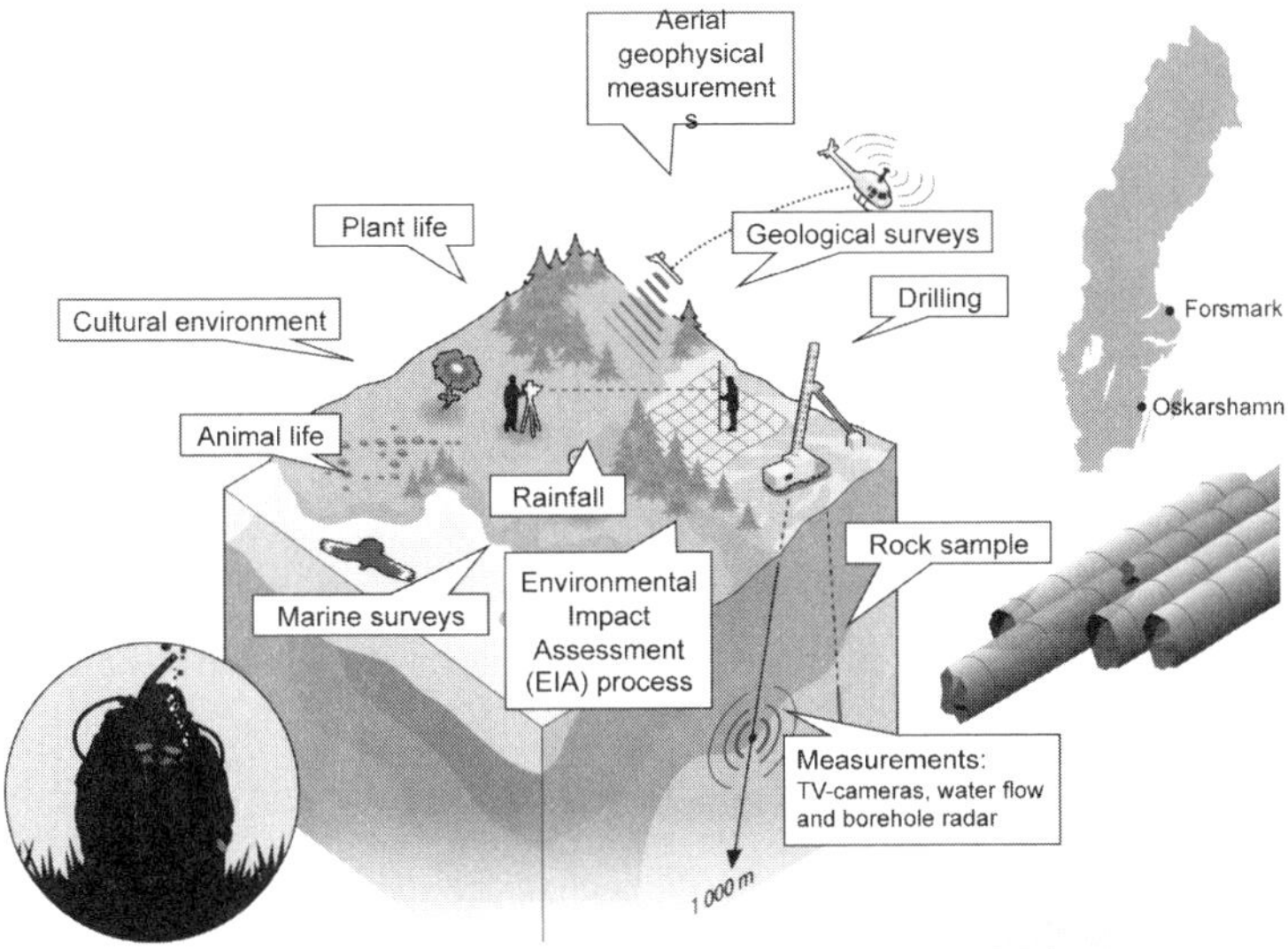

Source : SKB
Graphic art : Mats Jemdahl

図 50　現場調査

にはほぼ10年かけて現場調査（**図50**）を行ないました。そこから、さらに最有力候補地を6年くらいかけて現地調査し、最終的にはオスカーシャムとエステルハンメル（エステルハンメル市にフォースマルクという村がある）に決定しました。

「エストハンメル」と日本人は言いますが、エステルハンメル市のフォースマルクとオスカーシャムの2ヵ所に候補地が絞られました。そして、エステルハンメルでの試運転開始には認可が下りて、それから掘り出すのでは間に合わないので、当然、今掘り出しています。

エステルハンメルでの建設許可申請に認可が出て、本格的にOKになったら、どんどんそれを掘っていって、最終的に本当に高レベルのものをここに持ってきて、そこで処理をするのが大体2025年と、彼らはもくろんでいます。それを試運転開始と言っています。

候補地を選ぶには、どこの国でもそうでしょうが、全国のあらゆる地点についてこういう現地調査をします。

そこに至るまでに、そんなにスムーズにいったかと言うと、先ほど住民とのキャッチボールが彼らのベースですと言いましたが、そんなにスムーズではないです。ただ、これが最終の結果ですが、**図51**は核燃料廃棄物の処分場がある、ストックホルムの北にあるフォースマルクのエステルハンメル市と、オスカーシャム市の住民の意識調査をした結果があります。

フォースマルクのあるエステルハンメル市、賛成が78％。オスカーシャムはラクセマールという村にありますが、そこで80％。8割近くが最終的には受け入れている。

まとめ

Final repository in own municipality?

エステルハンメル市（フォースマルク）

賛成　：　78 %

反対　：　15 %

オスカーシャム市（ラクセマール）

賛成　：　80　%

反対　：　10　%

Source : Anders Karlsson's Lecture on May 17, 2011, Swedish Embassy

図 51　核燃料廃棄物の処分場
エステルハンメル市とオスカーシャム市の
住民意識調査

私も現地でいろいろな人に聞きました。「心配はあるけれども、いいんじゃないの？　私たちは公聴会にも出たし、意見も反映したし、みんなで決めたことだから」というのが、彼らの結論のように思われます。

そしてエステルハンメル市、フォースマルク地区と、オスカーシャム市のラクセマール地区、

まとめ

Forsmark in Östhammar Municipality（エステルハンメル市、フォースマルク地区）を選定

Laxemar in Oskarshamn Municipality（オスカーシャム市のラクセマール地区）と競争

決定要因

① 長期的安全要因

② 建設条件が容易

Source : SKB

図 52　フォースマルクの核廃棄物の最終処分場

最終的にはこの二つが競争になったのですが、決め手になったのは地盤です。どちらを選んでもよかったのでしょうが、二つあったらよりいいほう、より安全なほうと、フォースマルクに決めました。長期的な安全要因と岩盤の建設条件が容易というのがその理由です（図52）。

繰り返しになりますが、フォースマルクの高レベル最終処分場は、現在建設認可待ちです。もっとすぐ認可が出るのかと思ったら、SKBの人に聞いても関連者に聞いても、「うーん、よくわからない。最低2、3年かかるんじゃないの」と言っています。ただ、建設としてはもう一部始まっていて、1983年からスタートして、2019年には完成を目論んでいます。図53（☞135ページ・図30）

操業は2019年から2085年まで。2085年には、スウェーデンの原発を全部止めて、そこから出るごみ、高レベルのごみを全部ここへ持ってきて、ここに埋め終わってふたをして隠すという、その年です。そのときまでには終わりましょうという、当然これは想定です。そのときにスウェーデンでは原発のない世界になります。

◓最終処分場が完成するまで貯蔵するオスカーシャムのClab

スウェーデンの都市はきれいですが、朝の7時か8時頃でしたが、SKB社があるオスカーシャム市では、人っこ一人見かけません。誰もいない、静かな所でした。

まとめ

Source : JISS

図 54　オスカーシャム市と SKB の入口（右）

図54がＳＫＢ社です。本社はストックホルムにありますが、オスカーシャム市のＳＫＢ社が作業の中心のように思われています。

ＳＫＢが運営する最終処分場ができてしまえばいいですが、それまでのつなぎとして、今出てきている原発のごみ——原発はこの瞬間でもウランの核分裂を起こして、そこから出る熱で蒸気をつくり、タービンを回し、毎秒ごとにごみは出ています——をオスカーシャムのＣｌａｂで一括貯蔵しています。最終処分場が完成するまで貯蔵します。

ただ、いきなりＣｌａｂへそれを持ってくるわけではなく、ウラン２３８の燃料棒が使用済みになって、

9ヵ月間は原発建屋内のプールで冷却しながら貯めておきます。これは皆さんも、福島の原発事故で、1号炉、2号炉、3号炉、4号炉までいろいろな写真を見て、ある程度なじみかと思います。なぜかと言うと、いきなりでは熱くて、放射能もいっぱいあるからで、この間に貯めておくと、放射能は90％減ると言われています。だから9ヵ月間置いておいて、その後船でＣｌａｂへ輸送してきます。この施設はオスカーシャム市の原発のすぐそばにあります。

1-Ｃｌａｂの中心部、心臓部にスウェーデン人のメンタリティが

オスカーシャム市は人口3万人弱の市ですが、ラクセマール村はそこから車で40分くらいの所にあり、バルト海に面しています。Ｃｌａｂの中には**図55****（☞130ページ・図29）**のようなプールがあって、使用済み燃料を貯めておきます。

Ｃｌａｂで30年間貯めておくと、原子炉から出たときの1％くらいに減ってしまいます。ところが、この1％というのがくせ者です。ここには核分裂を起こした、例えば3％に濃縮したウランが1トンあったとすると、この中の放射能を燃やした後に含まれている950キログラムよりも核分裂を起こさないでそのまま残った2・5％程のプルトニウムとか、アメリシウムとかキュリウムとか、量は少ないが毒性が高く、非常に放射能の高いものが含まれています。それらをここに貯めておきます。

Ｃｌａｂでは、隅から隅まで見せてもらったのですが、ここは写真も何も駄目、ものすごく厳

重です。これが今、スウェーデンの核燃料を扱う中心部、心臓部だなというのを実感しました。ほかの所は写真を撮ってもいいし、ある意味では自由です。というのは、何も危険なものはない。危険なものがあると言えばテロ。もし、テロリストがここを襲ってきて、ここに貯めている使用済み核燃料を収奪すれば、彼らの技術で核兵器をつくる恐れがなきにしもあらずです。

このプールは、地下30メートルに水槽があり、そこに使用済み核燃料を貯めています。水の厚さが場所によって違いますが、3メートルから始まる。水槽の温度は35℃です。

このプールには、ある意味ショックを受けましたが、15メートルくらいあるプールと岩盤の間にスライドベアリングを入れています。なんでスライドベアリングを入れるかと言うと地震対策です。

前章でも少しふれましたが、スウェーデンは、私たちの常識では地震のない国です。「地震がないからいいね」と言いますが、彼らは、万一地震になったときのことを考えています。「これ、福島の原発事故後につくったの?」と言われそうですが、2004年につくられています。3・11のはるか前に、これをつくったときに地震対策をやっています。これがスウェーデン人のメンタリティというか、未病のときに治すというか、予防原則というか、あらゆる可能性を想定して、それに対して予防するというか、このプールの下に耐震装置のベアリングがある。

日本でも、ウォーターフロントの高層ビルなどに設置されていますが、この耐震装置を彼らは福島の原発事故の前から、最初からこれを取り付けています。「そんなこと、無駄じゃないの?」

と言いそうになるところを、「いや、ひょっとしたら地震は起こるかもしれない。そんなことは誰にもわからない、絶対とは言えないから、やるべきことは全部やろう」と。

この辺が、スウェーデンが原発に対して取り組む姿勢、次世代に迷惑をかけない、または住民の8割方の賛成を得ている理由があります。そして、みんな情報として出して人を見学させている。見学した人は、ここにベアリングがあることを知っているわけです。

これは、先ほどの「環境法典」の一つの精神です。「環境法典」の精神は、「われわれはすべてはできない。わからないことはわからない。でも、今できることはやろう」。子どもたちに対して、「われわれは、ここまでやってきているんだよ。ここまでやったんだよ」という、現世代の私たちの姿勢を次世代につなげていくことも、持続可能な社会をつくる上で大事なことではないかなと思います。

2‐耐震装置のあるプールの構造

ともかく、耐震装置のあるこのプールはどのようになっているか。もう少しくわしく述べたいと思います。オスカーシャム原発に隣接して、第1プールが1985年に、第2プールが2005年にでき、使用済み核燃料の貯蔵容量は8000トンです。現在、スウェーデンでは1万2000トンの使用済み核燃料のごみが出ていますが、その中の8000トンは貯蔵できます。

まとめ

場所：オスカーシャム原発に隣接
建設：1980 年開始
完成：第一貯蔵プール 1985 年
　　　第二貯蔵プール 2005 年
貯蔵容量：使用済み核燃料　8,000 トン
構造：貯蔵プール８面、岩盤槽２槽
　　　　地下 30 m
年間受入量：220 トン使用済みウラン＋
　　　　　　６キャニスター高濃度廃棄物
―――――――――――――――――
貯蔵容器：５mのボロン合金鋼製キャニスター

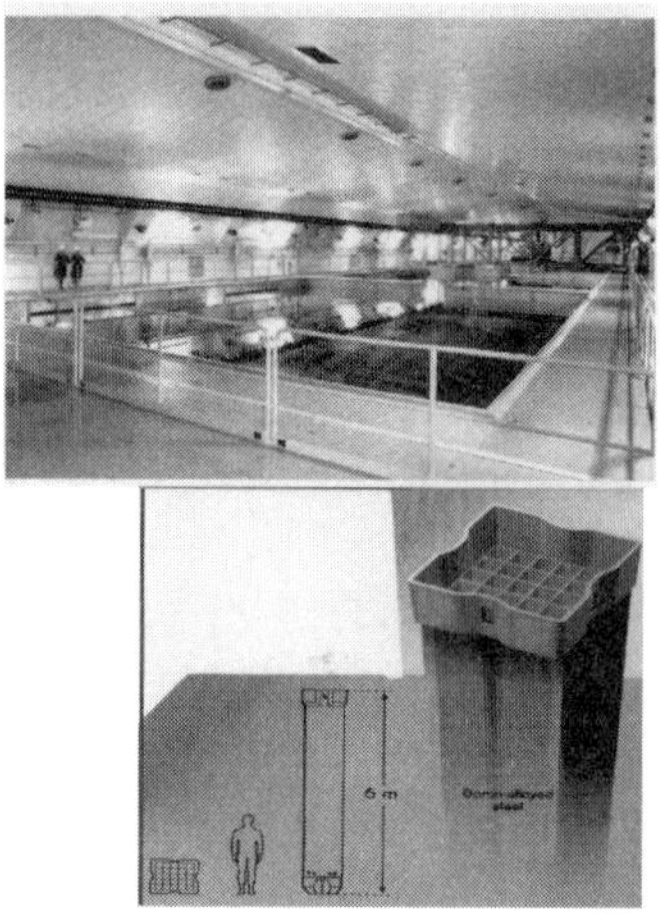

Source : SKB

図 56　Clab の使用済み燃料棒貯蔵プールと貯蔵容器

プールの構造として、貯蔵プールが8面。岩盤槽が二つに分かれています。地下40メートル。これはそんなに深くする必要はないです。使用済みのウラン燃料棒を年間220トンずつ受け入れます。受け入れるときの容器はボロン合金鋼製です。まだステンレスを使っていますが、ボロンに替えつつあります。使用済みの燃料棒を5メートルのキャニスター（フタ付きの容器）に入れ、

これ全体をドボンとプール中に入れます。

案内してくれた人が言います。「皆さん、水の中に燃料棒を入れると、水自体が危険だと思うでしょう。そうじゃない。水自体はまったく問題がない。私は水の専門家です」と。

というのは、放射線にはアルファ線、ベータ線、ガンマ線、中性子線、あとX線とか、TRU核種とかいろいろな放射線がありますが、その中で中性子線は水でシャットできます。ですから水の専門家には、「ここの中で泳いでもいいのよ。この水を飲んでもいいのよ。ただ落っこちないでね」とは言われました。

水は、放射能を持った物質、放射性物質を運んでいくだけで、水が汚染するわけではない。むしろ中性子線を吸収するのは水（H_2O）のHです。Hが吸収するから、水は、何ら放射能は帯びない。「そこを間違えないでね」と、案内してくれた人から最初にクギを刺されました。

見学者から、よくそういう質問が出るそうです。「『あなた、このプールのそばに立っていて大丈夫なの？』と言われるから、『水自体はまったく問題はない。それを運ぶだけよ』といつも言うのよ」と言っていました。

先ほども言いましたように、**図56、図57（次ページ）**のような構造になっていて、Ｃｌａｂ内のプールは写真はもちろんペンから何からみんな取り上げられたので、ここの写真はパンフレットから取るしかないのですが、各地の原発からカスク（使用済み核燃料専用の容器）を船で運んできて、専用のトラックで陸揚げして、ここでしばらく貯めておきます。

まとめ

① 港からトラックのカスクで搬入

② カスクと使用済み核燃料棒の温度を下げるために特別セルに放置

③ 使用済み核燃料集合体を貯蔵容器に移しプールに下げる

④ 貯蔵容器を水中エレベータでプールに降下

プールは現在２面、将来３面を建設

⑤ 貯蔵容器を規定の場所に安置

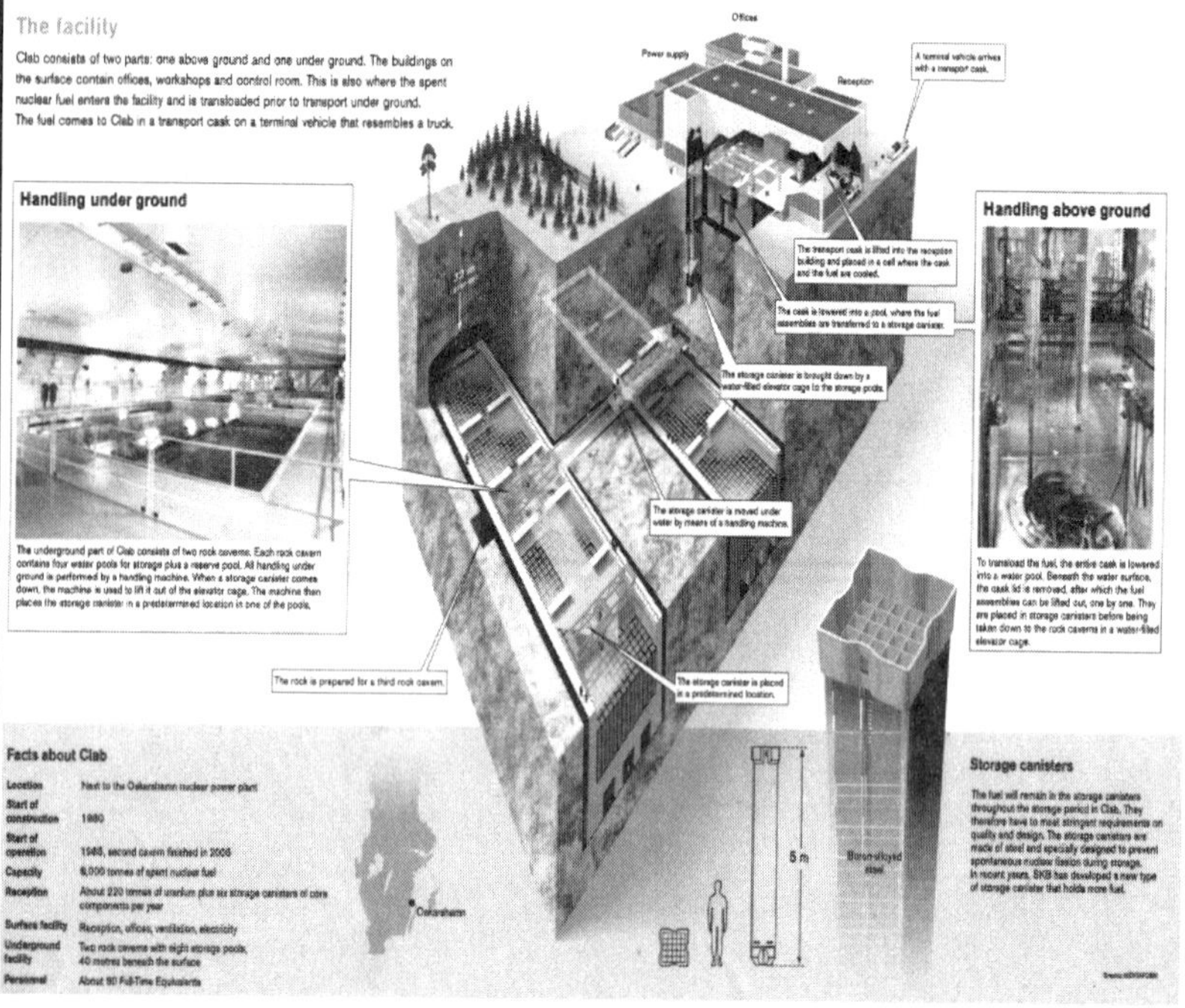

Source : SKB

図 57　使用済み核燃料貯蔵施設（Clab）の作業順序

持ってきたカスクと燃料棒はまだ熱いので、これを特別セル（小部屋）の中に置き、それが冷めたころを見計らって、2面ある30メーター下のプールに、水に浸かったエレベーターで下ろしていきます。これは全部自動です。これが将来足りなくなるので、3面目のプールをここにつくろうとしています。

使用済み燃料を現在貯めているＣｌａｂは、ほかにはありません。もちろん、各地の原子炉建屋には貯めていますが、そこを除いてはスウェーデンではここにしかＣｌａｂがない。ここが中央だからセントラルと言っています。

使用済み燃料をここまで運ぶにはどうするかというと、スウェーデンの原発は、フォースマルク、リングハルス、オスカーシャムの3ヵ所ですから、船で輸送します。船名は「シギュン」（ＳＩＧＹＮ）、『サガ』という北欧神話から取った女神の名前です。１９８２年に建造された船で、ちょうど私たちが行ったときに、「これは古くなったので2番目をつくって、それが完成し、今ルーマニアの造船所から、スウェーデンに向かっている途中だよ」と言ってました。だからすぐ新しくなるでしょう（**図58・次ページ**）。

各原発から、年間30回から40回行ったり来たりしながら、みんなこの船で運んでいきます。そのための専用船です。当然そこには、専用船がシージャックに遭わない、テロに襲われない、または衝突しないように、数々の沈没対策、乗っ取り対策が施されています。

先ほど述べたように、Ｃｌａｂのプールの下にベアリングを敷く国だから、スウェーデンの沈

まとめ

すべて海上輸送

船名：m/s SIGYN(北欧神話の女神の名前)

1982 年建造　(2013 年新造船)

2,000 ton (90m ×18m)

年間　30-40 回航海 (各原発と SFR, Clab 間)

２重船底、２重船腹

数々の沈没対策

乗っ取り対策

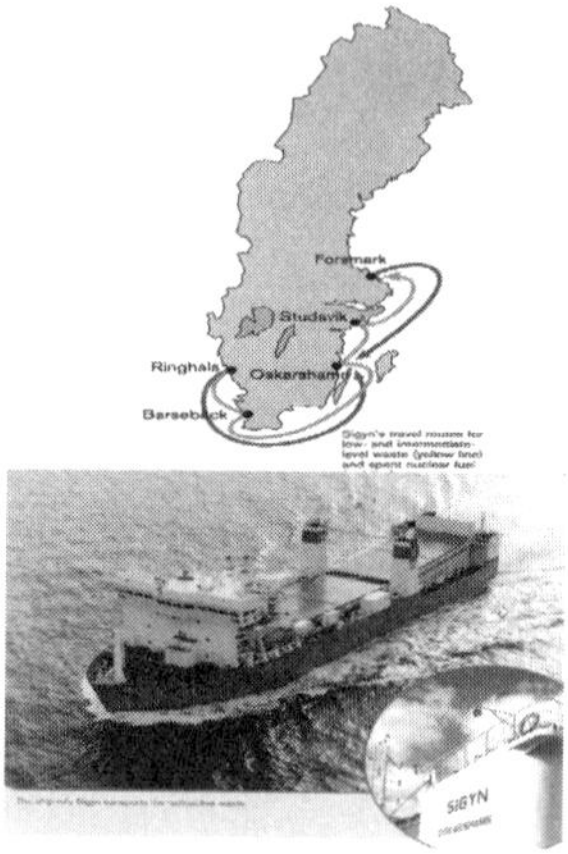

Source : SKB

図 58　放射性廃棄物の輸送

没対策、乗っ取り対策は十分していると信じる気になります。

● 最終処分場を最終処分場たらしめているもの

そして、この最終処分場を最終処分場たらしめるためには、処分場のトンネルだけでは実現できません。エスポ岩盤研究所（１９９６年操業）があります。使用済み核燃料を詰める容器のキャニスター研究所／工場（１９９８年操業）があります。キャニスターの周りを取り囲むベントナイ

まとめ

Source : SKB

図 59　ＳＫＢの最終処理実験場

まとめ

オスカーシャム市郊外
1986 年に地盤調査開始
元は鉱山、1990 年建設開始
1995 年完成、1996 年操業開始
　地下 460 m
最終埋蔵システム確立の実験所
　ドレスリハーサル
　核物質の挙動、岩盤への侵食
　物理、化学、生物、地質、あらゆる
　調査と研究
　機械、装置、器具のテスト
原発からの使用済み核燃料は未使用
毎年１万人の見学者

Source : SKB

図 60　エスポ岩盤研究所 （Äspö HRL）

ト研究所（２００７年操業）、粘土の研究所があります。これらは全部、オスカーシャム原発の近辺にあります。私は今回、Ｃｌａｂの他にエスポ岩盤研究所とキャニスター研究所／工場に行ってきました。ベントナイト研究所へは行きませんでした。

１．エスポ岩盤研究所

　オスカーシャムのＣｌａｂが中間貯蔵所として、今の段階では現実的に大事な所です。では、将来的に大事な所はどこかと言えば、エスポ岩盤研究所です。「ハードロック・ラボラトリー」と言っています。岩盤研究所と

まとめ

海面下 -220 m から -460 m レベル

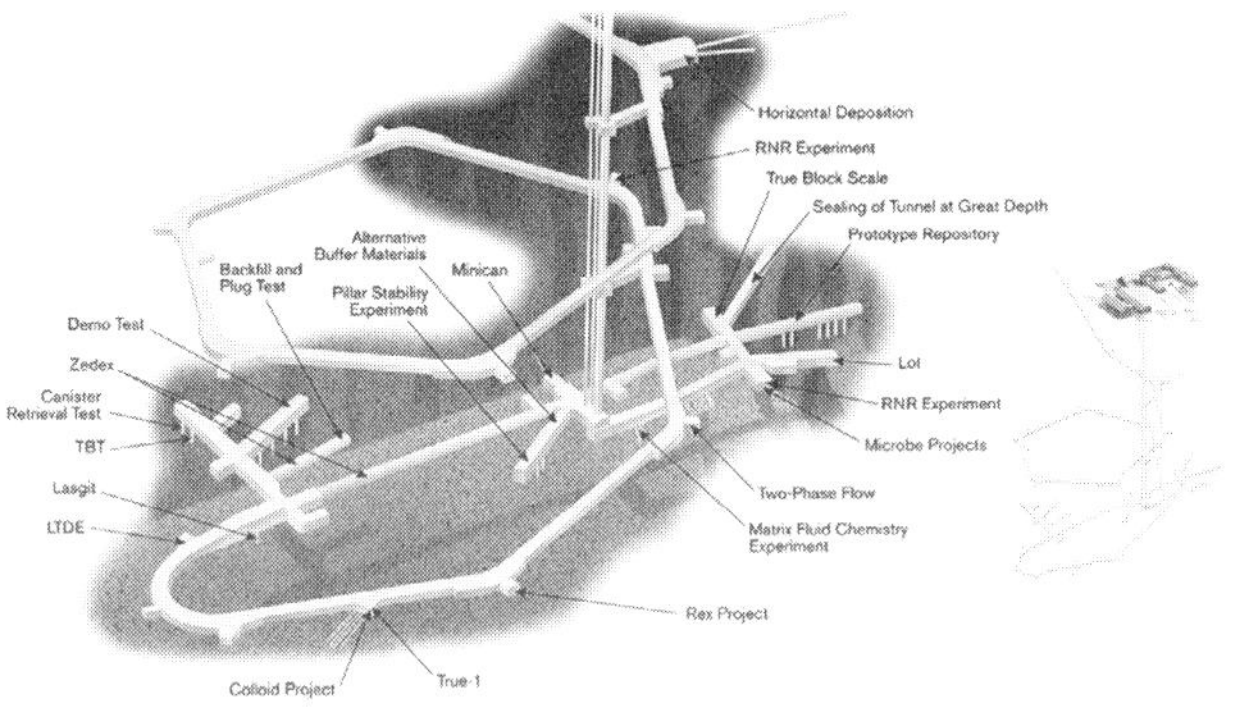

Source : SKB

図 61　エスポ岩盤研究所の内部構造

和訳していますが、これはオスカーシャム市の郊外にあります。

　エスポ岩盤研究所は、元は鉱山で、鉱山の穴の一部を使っています。１９８６年に地盤調査を開始して、１９９６年には操業開始をしています。ここは地下２２０メートルから４６０メートルにあり、実験所と言っていますが、フォースマルクの最終処分場はまだ認可も出ていませんし、中間貯蔵所としては、先ほどのＣｌａｂで貯めていますが、そこには貯めきれません。将来どんどん使用済み燃料、核のごみが出てきます。どうしたらいいか探り当てるために、その実験を今ここでやっています。

ですから、将来を見据えた実験所ということでは、エスポ岩盤研究所がキーです。北のフォースマルクの最終埋蔵システムの確立をするための技術――そこで使うネジ1本のテストから――をみんなここでやります。ここの原発で生まれてくる使用済み核燃料をここへは持ってきません。そういうものはＣｌａｂに貯めておきます。それなら、ここで何をやるかといえば、最終処分場に合わせた状況をつくります。

例えば、原子炉から出た熱い燃料棒をここへいきなり持ってきません。そのかわり、それと同じものを持ってきたらどうなるかということを同じ温度を設定して、同じ材料を使ってシミュレーションしています。それを「ドレスリハーサル」と言っています。核物質の挙動を探るため、岩盤への侵食とか、あらゆるテストをします。

エスポ岩盤研究所はオープンです。先ほどのＣｌａｂでは、身ぐるみはがされるみたいに裸にされて、ガイガーカウンターまで付けられ、当然撮影もメモもできませんでしたが、ここは全部オープン。スウェーデン人はただですが、外国人はお金を払わないと駄目です。その代わり、やっぱり彼らのＰＲのためと言うか、住民に対する情報公開と言うかよく案内してくれます。

図61（前ページ）のような内部構造になっています。この辺は深入りするのはやめましょう。

次ページの**図62〜64**は、地下４００メートル。スウェーデンだから車椅子も大丈夫と思っていましたが、山登りのインストラクターからのアドバイスみたいな、靴は歩きやすい靴をと最初に言われていました。ここは、はっきり言って車椅子の人、杖を使うような人は駄目。水がジャージャー流れていて、たしかにかなり急です。

エスポ岩盤研究所は、今の使用済み核燃料、高レベルのものだけではなく、ほかのもののいろいろな実験をしています。放射性物質をカスクというか、タンクみたいな容器に入れて埋めて、岩盤のトンネルの向こうに特別製のトラックで持っていって、コンクリートでふたをして埋めて

まとめ

図 62　岩盤研究所のトンネル

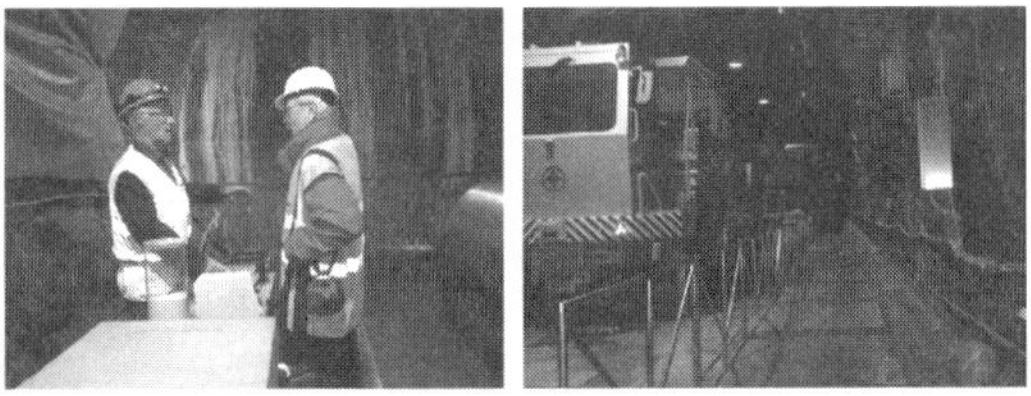

図 63　トンネルと運搬車

水質調査・浸入調査　　微生物検査

図 64　あらゆる事を想定して調査・研究

Source：各図とも JISS

いました。

ちょうど私が行ったとき、2年ごととか3年ごととかに、そのコンクリートの扉を壊して、そこでどんなことが起こっているか調べるために、ちょうど取り出しているところを見せてくれましたが、そんな実験を繰り返し繰り返しやっています。

全部列挙できませんが、あらゆることを想定して、水質調査とか浸入調査とか微生物検査とか、考えられるかぎりのことをやっています。

びっくりしたのは水です。バルト海の下の、たしかに400メートル地下の岩盤からでも、水がいろいろな所から漏出していました。「この水なめてごらん」と言われて、なめてみてびっくりしました。恐らく、水なんていうのは淡水に近いと思っていましたが、とんでもない。ものすごくしょっぱいです。お土産にSKBがくれた水があります。

これをここに持ってきましたので、この綿棒でためしてみてください。この水は7000年経っている岩盤から出てきた水です。ともかく、思ったよりものすごくしょっぱいという経験を、よろしければ後でしてください。

岩盤調査の結果、例えば、日本のようにガラス容器に入れたり、あるいはほかの方法を施すより、岩盤に埋めるのが一番いいというのが、彼らの結論です。そのとき、決定の一つの大きな要因になったのは、岩盤の上の水です。400メートル下がっていくと、そこの何十メートル下の水は動かない、動かなくて安定している、というものです。ところが、そこの水がこういう所にチョロチョロ出てくる。ザザザザと水道栓をひねったような感じの所もある。しかも、その水が非常にしょっぱい。こんなにしょっぱくて大丈夫？　というのが、私のような素人の判断です。

ですから彼らも、当然それに対していろいろなテスト、腐食のテストを繰り返しています。先述したオリエ・グリンデルという准教授が書いている、「ＳＫＢは1万年と言っているけれど、私たちの実験では５００年しか持たないよ」みたいなものも、そういうところから出てきているわけです。

2-キャニスター研究所／工場

次にキャニスター研究所／工場について述べます。岩盤に埋めるキャニスターを製造し、実験する施設です **(図65・次ページ)**。キャニスターの中に核燃料棒、使用済みの燃料棒を入れるわけですが、これも単に入れればいいというものではなくて、どういうような形状だったらいいのか、横にしたらいいのか、縦にしたらいいのか、斜めにしたらいいのか、分割したらいいのかを調べ、材料もいろいろあるわけです。

これはエスポ岩盤研究所、ハードロック・ラボラトリーの、そこでやっているドレスリハーサルです。あくまでも最終的には、北のフォースマルクで、将来、使用済み核燃料を処理するときに起こることです。それこそネジ1本から、そこで使う機械から、全部実験して、テストしてみます。例えば、溶接などでも、電子ビームよりは摩擦撹拌溶接、Friction Stir Welding のほうがいいみたいだとか調べます。

キャニスターは、厚さが5センチ、直径が約1メートル、高さ約5メートルくらいの容器です。こういう高純度の銅で出来た容器中に最終的な使用済み核燃料棒を入れるわけです。核燃料棒を入れたら、大体25、27トンになります。隔離方法は、**図66**のような形で三重構造になります。

まとめ

1998 年設立

溶接技術

電子ビーム溶接

摩擦攪拌溶接

密閉技術

封入工具と機械技

キャニスター製造工場の人材養成

Source : SKB

図 65　キャニスター実験所

まとめ

核物質の特性：消滅不可能
隔離方法：３重構造
　キャニスター・
　ベントナイト粘土・岩盤
キャニスター
　高純度の銅
　厚さ５㎝
　直径約１ｍ
　高さ約５ｍ
　充填後重量 25-27 トン

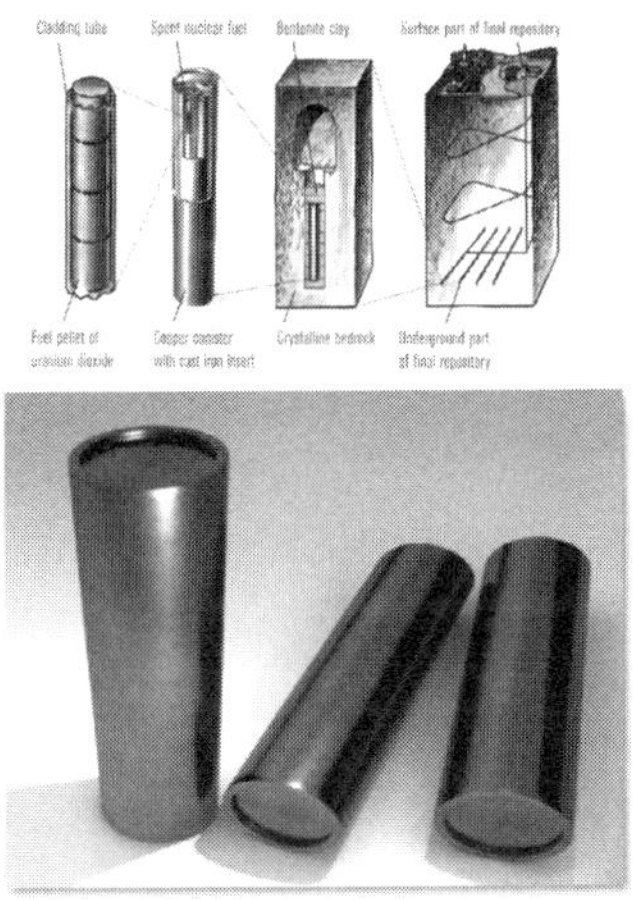

Source : SKB

図 66　キャニスターによる使用済み核燃料の隔離

まず、銅製のキャニスター、それをベントナイトという粘土で囲みます。さらにそれを岩盤の中に保管するので三重になります。ベントナイトもスウェーデン産だけではなく、いろいろな所から持ってきて調べています。アメリカから持ってきたり、インドから持ってきたり、アフリカから持ってきたり、ベントナイトのある所全部から持ってきて、「日本からも持ってきた」などと言っていました。

　ベントナイトで囲んだ、このキャニスターは、**図67（次ページ）**のような穴の中に運搬して、今のところ、ほとんど横式です。まだ縦式も実験していないわけではなくて、寝かせたほうがいいだろうというので、寝かす構造にしています。

まとめ

深さ：地下 400–700 m
岩盤広さ：1–2 km^2
キャニスター数：約 4,500 個
（図の左方は、右方の埋蔵の拡大図）

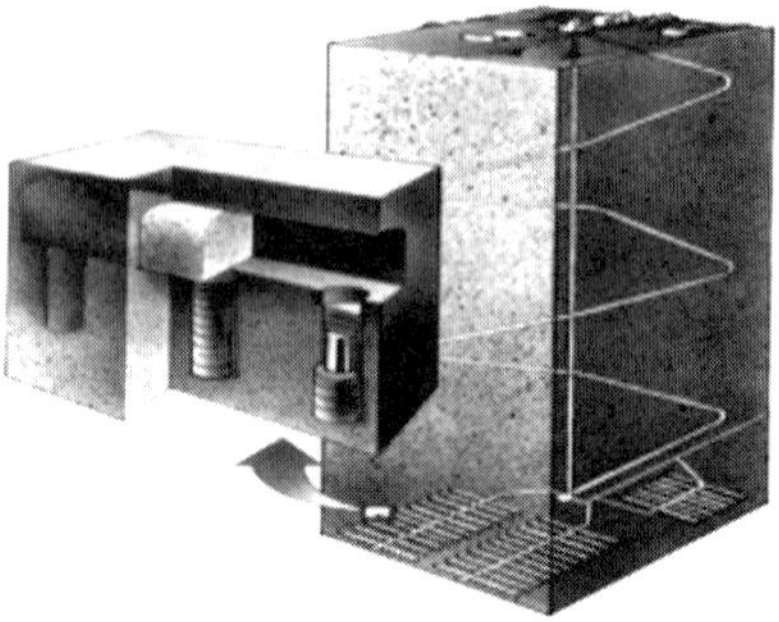

二酸化ウランの燃料ペレットを鋳鉄筒でカバーし、
銅製キャニスターに封入。
キャニスターをベントナイトで包囲し岩盤に埋蔵。

（図の右方は、左方の埋蔵の拡大図）

Source : SKB

図 67　地下埋蔵（フォースマルクの拡張ＳＦＲの場合）

◒原子炉の廃棄処分＝壊すコストよりごみ処分に3倍の処理コスト

今ある原発から出てくる使用済み核燃料の処分場について、北のフォースマルクのＳＦＲ（短寿命の貯蔵所）、それから南のオスカーシャムのＣｌａｂ（使用済み燃料の貯蔵所）、将来のフォースマルクの最終処分場を見越した岩盤研究所、そこで使うキャニスター、容器の研究所、容器を取り囲むベントナイト粘土の研究所をざっと紹介してきました。

次に紹介するのは、原子炉の廃棄処分についてです。当然、原発には寿命があり40～50年と言われていますが、今の段階では原発の寿命は科学的に何年という証明はできていません。ですから、廃炉の決定は、あくまでも経済的なものと政治的な判断との二つだけです。

廃炉は原発をストップして、実際に解体して、そのごみを処分するプロセスです。これを原子炉の廃棄処分、「ディスマントリング」と言います。スウェーデンのデンマークに一番近い所にあるバースベック原発は、今ストップしていますが、廃炉にはしていません。北のフォースマルクにまだ最終処分場ができていないので、そこに置いておかざるを得ません。

それはともかく、スウェーデンの10基の原発が、経済的であれ政治的であれ、寿命が来たときにはどうするのかというのを、ここに紹介しておきます。２０８５年は、スウェーデンがもくろんでいる、原発には依存しない年限がやってきます。スウェーデンが今まさにやろうとしている

まとめ

① **過去の経験が生きる**

＋王立工科大学（KTH）の研究原子炉

＋スタズビック社の研究炉

＋リングハルス原発のタービン交換

＋バーセベック原発は運転ストップ、廃炉処分は未定

② **廃棄処分の判断：原子炉の寿命は未知**

＋経済性：40 年～ 50 年が経済的限界

＋政治判断：バーセベック原発

＋解体・廃棄にするか先送りにするかは事業者の判断

＋ 2015 年までには結論を出す。

③ **現状**

＋廃炉の技術と方法は確立していない

＋炉を分割せず、１基全体を処理が可能かも

＋最終処分場の認可を待ち 2045 年まで Clab に貯蔵

＋炉心が放射能発生の最大要因

＋低レベル・中間レベルの廃棄物：全 10 基で 15 万㎥

＋廃棄処分１基 10 億 SEK ＋ 30 億 SEK 埋蔵コスト

Source : SKB

図 68　原子炉の廃棄処分（Dismantling)

ことです。

まず原子炉の廃棄処分、ディスマントリングには、過去の経験が生きます。SKBの案内人がよく言うことばですが、「実際は、私たちは何もわからない」「何もわからないから、実験もしなければなりません」と。

そういう中で、過去の経験を活かすということです。最初にちょっと言いましたが、スウェーデンでは英語名がRoyal Institute of Technology、スウェーデン語名ではその頭文字をとったKTHという王立工科大学がストックホルムにあります。スウェーデンの原発の技術のほとんどは、そこの研究炉で開発されました。そこの研究炉での経験。それからスタズビック社、もともとはスウェーデンの国立エネルギー研究所ですが、そこでの研究炉解体の経験とか。それからリングハルス原発、リングハルス原発の話はほとんどしていませんが、4基ある原発の古いものから寿命が来て、メンテナンスのためにタービンを替えたり、熱交換機を替えたり、パイプを替えたりしています。（編集部註：2015年10月に、1号機の廃炉が2019年、2号機の廃炉が2020年と決定した。いずれも経済的な理由による）。

ともかく原発は、つくったらそのままでいいというわけにはいきません。原発というのは日本でもそうですが、だいたい2ヵ月から4ヵ月ごとに定期検査があって、その中で不具合が見つかれば置き換え、リプレイスメントします。**図68（前ページ）**はその図です。タービンをリプレイスメントしています。これが廃炉、ディスマントリングのときに非常に役に立ちます。ですからここにはできるだけ、その技術者なり関係者を関与させるようにして教育の場にしています。ともかく過去の経験を活かして使うということがわかります。

それから先ほども少し触れたバースベック原発。原発のないデンマークから文句が出て、EUとの関連などもあり、これはむしろ政治的な判断でストップしています。

廃棄処分の判断については、原子炉の寿命は誰にもわからないので未知です。経済性から見ると40年から50年ぐらい、それ以上はメンテナンスの費用、コストがかかりすぎる。だから50年ぐらいが限度でしょうと。もう一つは、政治判断でそれをストップすることもあります。

そして、原発を解体するか破棄するか、それともそれを先送りするかは、原発の事業者の判断に任せます。この辺は、政府は関与しません。もちろん最終的な認可はしますが、政府が関与しないところにははっきり線を引いています。

原子炉の廃棄処分については、廃炉の技術と方法はいまのところまだ確立していません。今、試行錯誤の段階です。ただ、今までの経験から、原子炉を分解して最終処分場に持っていくよりは、全体で処理することも可能性があると、彼らは考えています。

北のフォースマルクは、一応２０１９年操業開始という想定はしていますので、最終処分場が決まる、それまでは先ほどの中間貯蔵所、セントラル貯蔵所のＣｌａｂに貯蔵しておく予定です。

言うまでもないことですが、一番汚染されているのは炉心です。低レベル、中間レベルの廃棄物は15万㎥くらい出るでしょう。

そして、繰り返しになりますけれども、炉1基の原発を廃棄するには10億クローネ。埋蔵処分には、それプラス3倍の処理コストがかかります。処理コストが、原子炉1基を壊すよりも、そのごみ処分に3倍かかります。日本でも当然そういう数字が出ていると思いますが、ごみ処理のほうが高い。

◒政治のメカニズムで「決定するのは住民の意思」

ざっとスウェーデンの状況を見てきましたが、これはＳＫＢの担当者の言葉です。もちろん、お金を払ったこともありますが、隅から隅までよく見せてくれたなと思います。彼らがしみじみ言っています。

「私たちもわからないことだらけです。だから正直が基本です。ここはわかっているが、ここがわかりません、と住民にも、来る人に対しても、会社の内部でも、政府の人に対しても、地方自治体に対しても、全部、正直であることが基本です」

本当にそうだと思います。わからないことをごまかさない。

昨日、新潟県知事が、東電に対して再稼働の認可をしました（編集部註：２０１３年10月の一部メディアの報道は誤報だった）。福島の事故でまだ汚染水が漏れているという中でも、ともかく正直であったら、私たちはもっと納得することがあるのではないかなと思います。日本の文化かもしれませんが、隠そうとする。

ただ、私も日本の組織にいたことがあり、わからないでもないですが、上に迷惑をかけたくない。部下は社長の恥にしたくないとか、部長の恥をさらしたくないとか、どうしても自分で収めてしまう。収めよう、収めようとして、よく考えればそれが隠すということにもなるのでしょう。

そのような対応について、誰が最終的に決めるのか、もう一つＳＫＢの彼らが言っています。「決定するのは政治家ではありません。私たちでもない、ＳＫＢでもないんです。Ｐｅｏｐｌｅです。住民の意思です」

「Ｐｅｏｐｌｅ」をどう訳したらいいかわからないので、Ｐｅｏｐｌｅとそのまま彼らの言葉に置き換えましたが、どういうことかと言うと、最初、持続可能な社会について述べました。これをつくるためにスウェーデンが党派を超えてそのような合意をしています。次世代に対して迷惑をかけない、という合意（コモンセンス）ができています。

原発に対しても、賛成が国民ほとんどの合意になっている。どこで合意ができるかと言うと、Ｐｅｏｐｌｅが決めている。憲法で地方自治の権限をきっちりうたっています。中央政府は地方自治の干渉をしてはいけない。地方のことは地方自治でやるべきである。これはきっちりしている。

そうすると、例えば地方議会にいる人、国会にいる人たちがＰｅｏｐｌｅ、有権者の代弁をしてくれているなと政治を信頼するから、彼らの投票率は高いです。85％から90％の投票率です。90％の有権者から選ばれるとすれば、選ばれたほうも真の住民の代表だなと自覚します。しかも大臣の半分は女性ですから、女性の意見も活かされている。そういうところの政治のメカニズムで、「Ｐｅｏｐｌｅです」という言葉が出てくるのではないかと思います。

これは前段のこととは対照的なことかもしれませんが、たまたまＯＤＡ、政府開発援助の貧困国援助でずっと働いてきた女性と一緒に食事をしましたが、その人はバングラデシュに6年間、モザンビークに6年間、コロンビアに3年間、そしてスウェーデンに帰ってきた人です。貧困国の教育担当だったその人が言っていました。

「やっぱり貧困国援助、貧困国の一番のがんは為政者、政治家です。どこの国でも、貧困国は国民が賢明になることを望んでいません」と。国民が賢明になったら、為政者は困るわけです。

これも、毎年福島に案内しているスウェーデンテレビの人ですが、彼と道でばったり会って、こういう話をしました。スウェーデンは情報公開の国、表現の自由、出版の自由の国ですが、それは国民が判断します。Peopleです。Peopleが判断するというメカニズム。図69（☞143ページ・図33）これをスウェーデンの核のごみ処理などを通じて如実に感じました。

◓ 核のごみ処理に環境省の役割がない日本

それから、今回私たちが訪れたSKBは国際協力をいろいろやっています。先ほどの岩盤研究所にしても、案内の人から、「毎年世界中から1万人の見学者が来ます。今までに15万人来ました。あなたもその一人だよ」なんて言われました。

日本からも見学に行っていますが、ただ少ないです。日本から行っているのは、原発から出る高レベルの使用済み核燃料の事業者で、原子力発電環境整備機構、いわゆるNUMOという所です。もう一つは、元の日本原子力研究所、ＪＡＥＲＩ（現在は日本原子力研究開発機構、ＪＡＥＡ）です。ここは高速増殖炉やいろいろな実験を行なっています。特にＮＵＭＯの人は、「この前いつだったかな？」という頻度で訪れています。

ただ、スウェーデンはこのように国際協力＝情報公開はしていますが、ひるがえって日本ではいかがでしょう。皆さんの中で岐阜県の瑞浪市、北海道幌延市のことを知っている人はいますか。瑞浪と幌延は、さっきのハードロック・ラボラトリーと同じことをやっています。ただ、私たち日本人のほとんどの人がそのことを知りません。

日本ではＮＵＭＯの人もＪＡＥＡの人も、ここへ見学に行っていても、そういう情報が全然私たちには出てきません。「日本のマスコミ？　そう言えばこの間、テレビ会社が1社来たね。トンネルを市民に公開するためのマラソンを撮っていったな」と案内の人。そういう日本のマスコミ事情の背景もあります。

日本で核のごみ問題にタッチしている役所は、内閣府、外務省、文部科学省、経済産業省です。こういう所が全部、役割分担を負っています。ただ、ここに環境省が全然出てきません。一方、スウェーデンは「環境法典」の環境省が全部ＳＫＢをコントロールしています。環境省の役割がないのは、彼此の大きな違いです。

それから先ほどスウェーデンでは、キロワット／時当たり０・０２クローネをファンドとして積み立てていると述べました。

日本でも、電気事業者がやっています。再処理積立金制度と言います。ただこれは、経済産業省の管轄で、独自ではない。福島の原発事故の後、1号機、2号機、3号機、4号機の汚染、冷却水漏れの問題など、東電はとてもそこまで手が回らない。ただ、この辺の額が、私たちの電力料金からどれだけ負担しているかわかりません。あまりにもわからないことが多すぎます。これは全部、「原子力白書」から取ったものです。

◒情報公開しないから国民の信頼が得られない

繰り返しになりますが、幌延とか瑞浪で1000メートル掘っています。スウェーデンの岩盤研究所が400メートルですから、600メートルも深く掘っています。これを私たちは何とかして知ることも必要ですし、また関係者は私たちに知らせることも必要ではないでしょうか。それが、ひいては国民の信頼を得て、スウェーデン風にできていく。もちろんスウェーデンが完璧とは言えませんが、相対的に言って、スウェーデン風にできていけるのではないかなと、私はつくづく感じます。

ちなみに、**図70（次ページ）**は日本の核の廃棄物の概要です。例えば、原発から出る低レベルのものは、スウェーデンではSFRという所で貯蔵します。日本では再処理工場で使用済みウランを化学処理して、プルトニウムをはじめ、再利用できるいろいろな元素を取り出し、いわゆる

まとめ

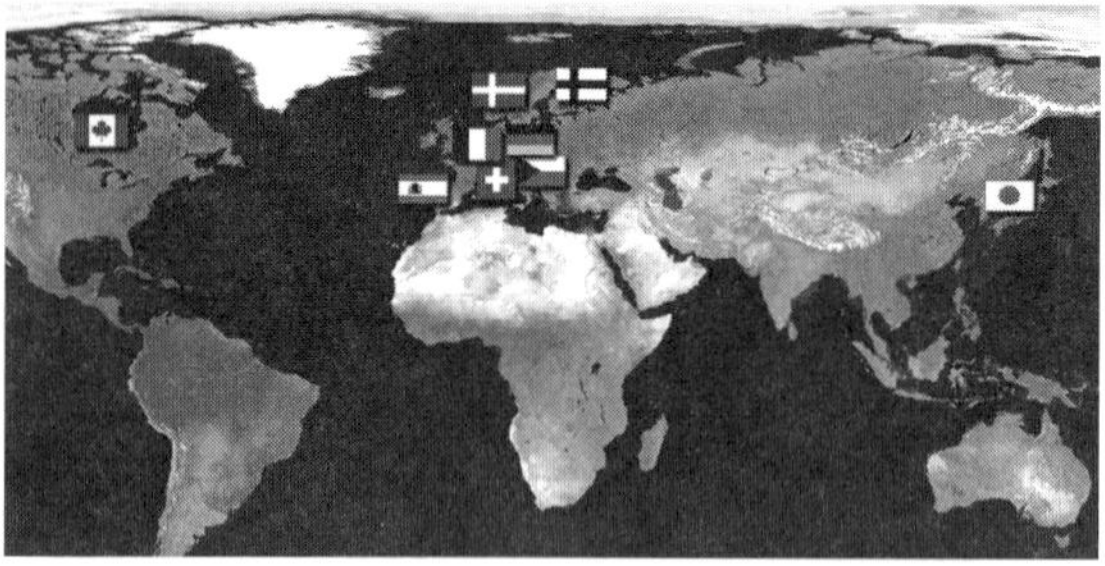

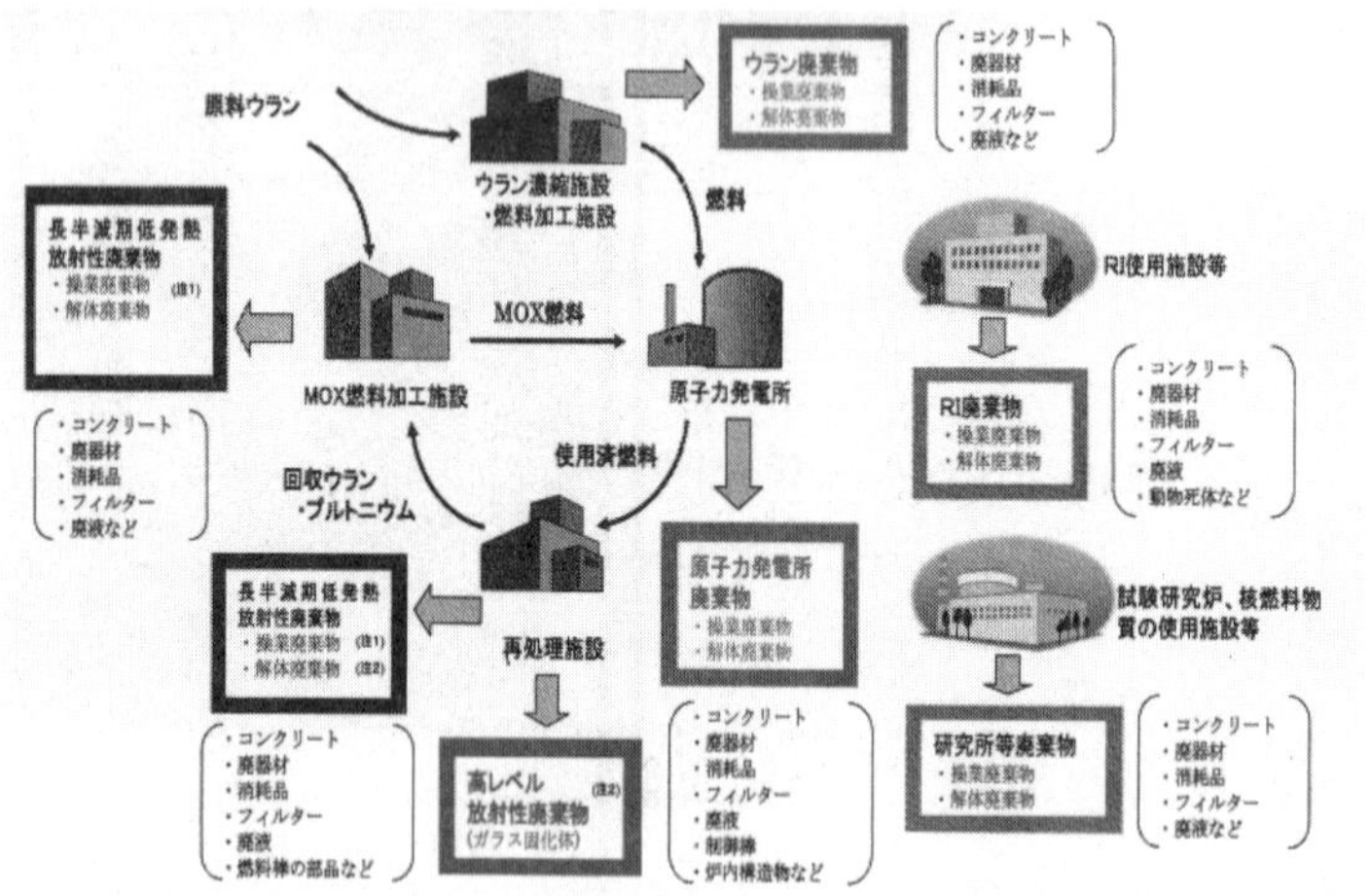

岐阜県瑞浪市と北海道幌延町の現状

原子力発電環境整備機構（NUMO）と日本原子力研究開発機構 (JAEA)

内閣府・外務省・文部科学省・経済産業省の役割分担

環境省の役割

電気事業者の「再処理積立金制度」

図 70　SKB の国際協力と日本の廃棄物概要　Source : H21 年版原子力白書

再利用計画をやろうとしています。その途中で高レベルの核の廃棄物が出ます。この計画では、青森県の六ヶ所村がその中心地です。

使用済み核燃料の再利用計画は、これ自体でうまくサイクルが回っていけばいいのですが、基本的には核のごみ問題の原点とも言える、先ほどのスウェーデンのＳＫＢの担当者の「私たちは

まとめ

ゴトランド島の歴史的遺跡
Source : JISS

図 71　（公財）ハイライフ研究所へ感謝！!

何もわからないんです。だから正直にいくしかないんですよ」という謙虚な基本姿勢に立ち返っていくべきではないでしょうか。これは、ほかのことにも言えることですが、自分自身にも照らし、反省の材料にして、正直者がばかを見ないように、ともかく正直にいこうではありませんか。

この度の取材では、併せて地方行政を調べるためにゴトランド島に行きました。**図71（前ページ）**は、そこで見た３０００年くらい前の石器時代のモニュメント、ルーン石碑です。スウェーデンでも石器時代、鉄器時代とずっと歴史があり、歴史的遺構がこういう形で残っています。

私たちの世代が地下に埋めようとしている使用済み核燃料の核のごみにしても、燃やしても何しても無くなりません。今、私たちが何千年か前の石碑を見ているのと同じように、次の将来世代は私たちのこのごみ、核のごみをどのように見ることでしょうか。一人ひとりが真摯に考えていかなければならない問題ではないかと感じる次第です。

KAIZOSHA

みんなの危機管理
――スウェーデン 10 万年の核のごみ処分計画

2017 年 10 月 5 日 初版発行

著者……………………須永昌博

編集協力……………………鈴木賢志・須永洋子・阿部泰子
公益財団法人ハイライフ研究所

装幀……………………クリエイティブ・コンセプト

発行人 ……………………山田一志
発行所 ……………………株式会社 海象社
郵便番号 112-0012
東京都文京区大塚 4-51-3-303
電話 03-5977-8690　FAX03-5977-8691
http://www.kaizosha.co.jp
振替 00170 -1-90145

組版……………………[オルタ社会システム研究所]
印刷・製本……………………モリモト印刷株式会社

ISBN978-4-907717-45-2　C0036

※この本は、印刷には大豆油インクを使い、表紙カバーは環境に配慮したテクノフ加工としました。